원리와 개념을 잡아주는
수학법칙

이광연 지음

수학의 숨은 원리를 관통하는 핵심적이며 근본적인 원리를 쉽고, 논리적으로 보여준다!

저자 **이 광 연**

성균관대학교 수학과를 졸업하고 동대학원에서 박사학위를 받았다. 미국 와이오밍 주립대학교에서 박사 후 과정을 마쳤고, 아이오와 주립대학교에서 방문교수를 지냈으며, 현재 한서대학교 수학과 교수로 재직하고 있다. 제7차 개정교육과정 중, 고등학교 수학 교과서, 2009개정교육과정 중, 고등학교 수학 교과서, 2015 개정교육과정 중, 고등학교 수학 교과서를 집필했다.

수학이 세상에서 없어졌으면 좋겠다고 수학 알레르기 반응을 보이는 독자를 위해 〈웃기는 수학이지 뭐야〉, 〈수학, 세계사를 만나다〉, 〈멋진 세상을 만든 수학〉, 〈이광연의 오늘의 수학〉, 〈수학으로 다시 보는 삼국지〉, 〈이광연의 수학블로그〉, 〈수학, 인문으로 수를 읽다〉, 〈미술관에 간 수학자〉 외에도 많은 책들을 통해 '쉬운 수학, 재미있는 수학, 없어서는 안 되는 수학'을 전파하고 있다.

원리와 개념을 잡아주는 수학법칙

초판인쇄	2019년 9월 30일
초판발행	2019년 9월 30일
저 자	이광연
펴 낸 곳	지오북스
발 행 인	신은정
주 소	서울 중구 퇴계로 213 일흥빌딩 408호
등 록	2016년 3월 7일 제395-2016-000014호
전 화	02)381-0706	팩스 02)371-0706
이 메 일	emotion-books@naver.com
홈페이지	www.geobooks.co.kr

ISBN 979-11-87541-63-9
값 18,000 원

이 도서의 국립중앙도서관 출판예정도서목록(CIP)은 서지정보유통지원시스템 홈페이지(http://seoji.nl.go.kr)와 국가자료공동목록시스템(http://www.nl.go.kr/kolisnet)에서 이용하실 수 있습니다. (CIP제어번호 : CIP2019033853)

이 책은 저작권법으로 보호받는 저작물입니다.
이 책의 내용을 전부 또는 일부를 무단으로 전재하거나 복제할 수 없습니다.
파본이나 잘못된 책은 바꿔드립니다.

머리말

몇 해 전, <수학과 교육>이라는 잡지에서 교과서에 있는 내용의 원리와 개념을 보다 충실하게 잡아줄 수 있는 원고를 써 달라는 부탁이 있었다. 평소 교과서의 내용 중에서 원리를 좀 더 깊이 탐구하거나 보충해서 설명했으면 좋겠다는 몇 가지 소재에 대하여 이미 약간의 원고를 가지고 있었기 때문에 작업을 흔쾌히 시작했다.

예를 들어 중학교에서 학습하는 피타고라스 정리의 증명을 고등학교에서 배우게 될 미분으로 한다면 고등학생들에게 미분의 다양한 활용을 보여줄 수 있고, 우리가 사용하고 있는 십진법 이외의 진법을 소개하고 다른 진법에 대한 사칙계산을 해 본다면 진법과 수학적 사고력을 높이는 계기를 제공할 수 있을 것으로 생각했다.

그렇게 해서 하나씩 연재한 원고가 30개를 넘었고, 각각의 원고들은 2달에 한 번씩 읽히게 되어 있었다. 그런데 이 원고들을 한 권의 책으로 엮었더니 겹치는 내용이 종종 있고, 순서가 뒤집힌 경우도 있었다. 하지만 가능하면 처음 원고를 큰 영역을 정하여 몇 가지로 묶어서 책으로 엮기로 했다. 그래서 경우에 따라서는 책을 읽을 때 중복되거나 내용의 순서가 적당하지 않을 수도 있다. 이에 대하여 독자들의 이해를 바란다.

이 책에 있는 내용은 대부분 교과서에서 볼 수 없는 것이다. 그래서 이 책의 내용을 단순히 읽고 제시된 사실을 눈으로 알아가기보다는, 수학적 원리와 개념을 충실히 익혔다면, 실생활에서 이 책에 있는 내용과 관련된 수학적탐구를 진행하기 바란다. 그러면 더 흥미롭게 이 책을 읽을 수 있을 것이다. 이 책의 제목처럼 원리와 개념을 잡아주는 수학법칙들을 스스로 탐구할 수 있도록 하였기 때문에 특히 고등학교의 수학탐구에 적절한 소재가 많이 있을 것으로 기대한다.

끝으로 좋은 책을 만들기 위해 애써주신 편집부에게 감사를 보낸다.

2019년 가을이 오는 길목에서

차례

Chapter 1 파이 π ······ 5
1. π를 구하는 한 가지 방법 ······ 6
2. 아르키메데스의 수(1) ······ 14
3. 아르키메데스의 수(2) ······ 20
4. 파이 데이 ······ 26

Chapter 2 벡터 ······ 35
1. 벡터 ······ 36
2. 좌표평면 위에서의 벡터 ······ 42
3. 벡터의 내적 ······ 49
4. 벡터의 외적 ······ 56

Chapter 3 피타고라스 ······ 67
1. 피타고라스 정리 ······ 68
2. 피타고라스 정리 활용하기-원 ······ 76
3. 수평선까지는 얼마나 멀까? ······ 87
4. 피타고라스 정리 증명하기 ······ 94

Chapter 4 헤아림 수와 스털링 수 ······ 101
1. 헤아림 수 ······ 102
2. 스털링 수 ······ 117
3. 경우의 수와 영타블로 ······ 127

Chapter 5 다항식과 방정식 ······ 139
1. 다항식의 겔로시아 나눗셈 ······ 140
2. 삼차방정식의 해법 ······ 150

Chapter 6 도형의 변신 ················· 159
　1. 정삼각형의 변신 ················· 160
　2. 정칠각형 ················· 169
　3. 다각형 자르기 ················· 178

Chapter 7 도형의 넓이 ················· 185
　1. 헤론의 공식 ················· 186
　2. 브라마굽타의 공식 ················· 190
　3. 등주문제 ················· 198

Chapter 8 진법, 무리수 그리고 소수 ················· 211
　1. 십이진법 ················· 212
　2. 무리수 증명하기 ················· 221
　3. 리만 가설 ················· 229

Chapter 9 수열 ················· 239
　1. 벽돌쌓기로 알아보는 수열 ················· 240
　2. 저글링과 수학 ················· 249

Chapter 10 미분 ················· 261
　1. 나뭇잎 들여다보기 ················· 262
　2. 사이클로이드 ················· 269

Chapter 11 이것저것 ················· 279
　1. 벤다이어그램 ················· 280
　2. 아프리카의 모래 그림과 수학 ················· 286
　3. 앗 나의 실수 ················· 295

Chapter 1

파이 π

원리와 개념을 잡아주는 수학법칙

원리와 개념을 잡아주는 수학법칙

01 π를 구하는 한 가지 방법

아주 옛날부터 원주율 π를 구하려는 많은 노력이 있었다. 고대 오리엔트에서 π의 값이 3으로 사용되었고, 린드 파피루스에 있는 이집트의 원의 넓이를 구하는 문제에서는 $\pi = \left(\dfrac{4}{3}\right)^2 = 3.1604\cdots$ 였음을 알 수 있다. 하지만 π를 과학적으로 구한 최초의 수학자는 아르키메데스로 알려져 있다. 그는 원에 내접하고 외접하는 정다각형의 둘레의 길이를 이용하여 소수 둘째 자리까지 정확한 원주율을 구했다.

오랜 시간이 흘러 르네상스를 지나며 원주율을 구하는 방법은 구체적인 값을 구하기보다는 π와 같은 값을 갖는 식을 찾는 방향으로 발전하기도 했다. 1579년 프랑스의 수학자 비에트는 아르키메데스와 같은 방법으로 393216변을 갖는 다각형을 이용하여 원주율을 소수 90자리까지 정확하게 구하기도 했다. 또한 그는 다음과 같은 흥미로운 무한 곱을 발견하기도 했다.

$$\dfrac{2}{\pi} = \dfrac{\sqrt{2}}{2} \dfrac{\sqrt{2+\sqrt{2}}}{2} \dfrac{\sqrt{2+\sqrt{2+\sqrt{2}}}}{2} \cdots$$

1650년 영국의 수학자 월리스는 다음과 같은 재미있는 식을 만들어 냈다.

$$\dfrac{\pi}{2} = \dfrac{2\cdot2\cdot4\cdot4\cdot6\cdot6\cdot8\cdot8\cdots}{1\cdot3\cdot3\cdot5\cdot5\cdot7\cdot7\cdots}$$

그리고 왕립학회의 초대 회장이었던 브룬커 경(Lord Brounckor)은 월리스의 식을 다음과 같은 연분수로 바꾸기도 하였다.

$$\frac{4}{\pi} = 1 + \cfrac{1^2}{2 + \cfrac{3^2}{2 + \cfrac{5^2}{2 + \cfrac{7^2}{2 + \cdots}}}}$$

1674년 라이프니츠는 다음과 같은 식을 만들었다.

$$\frac{\pi}{4} = 1 - \frac{1}{3} + \frac{1}{5} - \frac{1}{7} + \frac{1}{9} - \frac{1}{11} + \frac{1}{13} - \frac{1}{15} + \cdots$$

그 이후 지금까지도 원주율 π와 관련된 식은 많이 만들어졌다. 그리고 그 가운데 하나는 리만가설에 등장하는 제타함수를 이용한 표현이다.

➡ 제타함수 알아보기

제타함수는 다음과 같이 자연수의 s승의 역수를 무한히 더하는 무한급수이다.

$$\begin{aligned}\zeta(s) &= 1 + \frac{1}{2^s} + \frac{1}{3^s} + \frac{1}{4^s} + \frac{1}{5^s} + \frac{1}{6^s} + \frac{1}{7^s} + \frac{1}{8^s} + \cdots \\ &= \sum_{n=1}^{\infty} \frac{1}{n^s} \\ &= \sum_{n=1}^{\infty} n^{-s}\end{aligned}$$

이 식에서 $s = 2$일 때인 $\zeta(2)$의 값을 구하여보자. 사실 이 값은 스위스의 수학자 오일러에 의하여 $\frac{\pi^2}{6}$임이 알려졌다. 이 값을 어떻게 구했는지 지금부터 그의 방법을 따라가 보기로 하자.

원리와 개념을 잡아주는 수학법칙

제타함수에서 $s=1$이면 $\zeta(1)$은 조화급수가 되는데, 우선 $\zeta(1)$인 다음과 같은 조화급수가 수렴하는지 발산하는지를 먼저 알아보자.

$$\zeta(1) = 1 + \frac{1}{2} + \frac{1}{3} + \frac{1}{4} + \frac{1}{5} + \frac{1}{6} + \frac{1}{7} + \cdots$$

이 급수의 n번째 항까지의 부분합을 S_n이라고 하면

$$S_1 = 1$$
$$S_2 = 1 + \frac{1}{2}$$
$$S_4 = 1 + \frac{1}{2} + \left(\frac{1}{3} + \frac{1}{4}\right) > 1 + \frac{1}{2} + \left(\frac{1}{4} + \frac{1}{4}\right)$$
$$= 1 + \frac{1}{2} + \frac{1}{2}$$
$$= 1 + \frac{2}{2}$$

$$S_8 = 1 + \frac{1}{2} + \left(\frac{1}{3} + \frac{1}{4}\right) + \left(\frac{1}{5} + \frac{1}{6} + \frac{1}{7} + \frac{1}{8}\right)$$
$$> 1 + \frac{1}{2} + \left(\frac{1}{4} + \frac{1}{4}\right) + \left(\frac{1}{8} + \frac{1}{8} + \frac{1}{8} + \frac{1}{8}\right)$$
$$= 1 + \frac{1}{2} + \frac{1}{2} + \frac{1}{2}$$
$$= 1 + \frac{3}{2}$$

$$S_{16} = 1 + \frac{1}{2} + \left(\frac{1}{3} + \frac{1}{4}\right) + \left(\frac{1}{5} + \cdots + \frac{1}{8}\right) + \left(\frac{1}{9} + \cdots + \frac{1}{16}\right)$$
$$> 1 + \frac{1}{2} + \left(\frac{1}{4} + \frac{1}{4}\right) + \left(\frac{1}{8} + \cdots + \frac{1}{8}\right) + \left(\frac{1}{16} + \cdots + \frac{1}{16}\right)$$
$$= 1 + \frac{1}{2} + \frac{1}{2} + \frac{1}{2} + \frac{1}{2}$$
$$= 1 + \frac{4}{2}$$

이와 같은 방법을 계속하면 $S_{32} > 1 + \frac{5}{2}$, $S_{64} > 1 + \frac{6}{2}$이고 일반적으로 다음과 같다.

$$S_{2n} > 1 + \frac{n}{2}$$

따라서 n이 자꾸 커지면 커질수록 조화급수도 점점 커져 결국 발산하게 된다.

이제 $s = 2$일 때인 다음과 같은 $\zeta(2)$가 수렴하는지 발산하는지 알아보자.

$$\zeta(s) = 1 + \frac{1}{2^2} + \frac{1}{3^2} + \frac{1}{4^2} + \frac{1}{5^2} + \frac{1}{6^2} + \frac{1}{7^2} + \frac{1}{8^2} + \cdots$$
$$= 1 + \frac{1}{4} + \frac{1}{9} + \frac{1}{16} + \frac{1}{25} + \frac{1}{36} + \frac{1}{49} + \frac{1}{64} + \cdots$$

위와 같은 $\zeta(2)$가 수렴하는지 어떤지를 알려면 인수분해와 근, 그리고 삼각함수에서 사인함수에 대하여 알아야 한다.

▶ 파이값을 구하는 한가지 방법

실수 a가 어떤 방정식 $f(x) = 0$의 근이라는 것은 $f(x)$가 $(x-a)$로 인수분해 되어 $f(x) = (x-a)g(x)$와 같이 표현할 수 있다는 뜻이다. 이와 같은 방법으로 $\sin x = 0$의 근을 구하면 어떻게 될까?

$\sin x$는 $x = n\pi \ (n = 0, 1, 2, 3, \cdots)$에 대하여 항상 0이다.

즉, 방정식 $\sin x = 0$의 근은

$$x = n\pi \ (n = 0, \pm 1, \pm 2, \pm 3, \cdots)$$

이므로 $\sin x$는 다음과 같이 인수분해 된다.

$$\sin x = x(x - \pi)(x + \pi)(x - 2\pi)$$
$$(x + 2\pi)(x - 3\pi)(x + 3\pi) \cdots \quad \cdots\cdots ①$$

그런데 위의 식①은 다음 식과 근

$$x = n\pi \ (n = 0, \ \pm 1, \ \pm 2, \ \pm 3, \ \cdots)$$

이 같기 때문에 동치이다.

$$\sin x = x\left(1 - \frac{x}{\pi}\right)\left(1 + \frac{x}{\pi}\right)\left(1 - \frac{x}{2\pi}\right)$$

$$\left(1 + \frac{x}{2\pi}\right)\left(1 - \frac{x}{3\pi}\right)\left(1 + \frac{x}{3\pi}\right)\cdots \qquad \cdots\cdots ②$$

식②의 연속한 두 항을 곱하여 정리하면 다음 식을 얻는다.

$$\sin x = x\left(1 - \frac{x^2}{\pi^2}\right)\left(1 - \frac{x^2}{4\pi^2}\right)\left(1 - \frac{x^2}{9\pi^2}\right)$$

$$\left(1 - \frac{x^2}{16\pi^2}\right)\left(1 - \frac{x^2}{25\pi^2}\right)\cdots \qquad \cdots\cdots ③$$

이제 식③의 우변을 전개하여 오름차순으로 정리하면 다음과 같다.

$$\sin x = x\left\{1 - \frac{x^2}{\pi^2}\left(1 + \frac{1}{4} + \frac{1}{9} + \frac{1}{16} + \frac{1}{25} + \cdots\right) + \cdots\right\}$$

$$= x - \frac{x^3}{\pi^2}\left(1 + \frac{1}{4} + \frac{1}{9} + \frac{1}{16} + \frac{1}{25} + \cdots\right) + \cdots \qquad \cdots\cdots ④$$

여기까지 구하고 잠시 $\sin x$를 멱급수로 표현하는 방법인 테일러급수와 맥클로린급수에 대하여 알아보자.

미분 가능한 함수 $f(x)$는 다음과 같은 급수로 전개된다는 것은 잘 알려진 사실이다.이것을 설명해야 하지만 여기서는 여백이 너무 작아 생략한다!

$$f(x) = f(a) + \frac{f'(a)(x-a)}{1!}$$
$$+ \frac{f''(a)(x-a)^2}{2!} + \frac{f'''(a)(x-a)^3}{3!} + \cdots$$

이 급수를 a에서 함수 $f(x)$의 테일러급수라고 한다. 특히 $a=0$이면 테일러급수는 다음과 같이 표현된다.

$$f(x) = f(0) + \frac{f'(0)x}{1!} + \frac{f''(0)x^2}{2!} + \frac{f'''(0)x^3}{3!} + \cdots$$

이와 같은 급수표현을 맥클로린급수라고 한다.

테일러급수는 영국의 수학자 부룩 테일러(Brook Taylor, 1685~1731)의 이름을 딴 것이고, 테일러급수의 한 형태인 맥클로린급수는 스코틀랜드의 수학자 콜린 맥클로린(Colin Maclaurin, 1698~1746)을 기리기 위한 것이다. 사실 특별한 함수를 멱급수로 표현한 업적은 뉴턴에게 있고, 보다 일반적인 테일러급수는 스코틀랜드 수학자인 제임스 그레고리(1668)와 스위스 수학자 요한 베르누이(1690년대)에 의하여 각각 발견되었다. 테일러는 1715년에 자신의 책 <Methodus incrementorum directa at inversa>에 급수표현을 발표했는데, 그는 그때까지도 그레고리와 베르누이가 그것을 먼저 연구하여 알아냈다는 사실을 알지 못했다. 한편 맥클로린은 자신의 미적분학 교재 <Treatise of Fluxions>를 통하여 함수에 대한 급수 전개를 널리 대중화시켰기 때문에 급수에 그의 이름을 붙였다. 삼각함수 $\sin x$를 미분하면

$$(\sin x)' = \cos x, \ (\sin x)'' = -\sin x,$$
$$(\sin x)''' = -\cos x, \ (\sin x)'''' = \sin x$$

이고, $\sin 0 = 0$, $\cos 0 = 1$이므로 $\sin x$를 맥클로린급수로 전개하면 다음과 같다.

원리와 개념을 잡아주는 수학법칙

$$\sin x = x - \frac{x^3}{3!} + \frac{x^5}{5!} - \frac{x^7}{7!} + \frac{x^9}{9!} - \cdots \quad \cdots\cdots ⑤$$

그런데 이 식은 식④와 같으므로 다음을 얻을 수 있다.

$$\sin x = x - \frac{x^3}{\pi^2}\left(1 + \frac{1}{4} + \frac{1}{9} + \frac{1}{16} + \frac{1}{25} + \cdots\right) + \cdots$$

$$= x - \frac{x^3}{3!} + \frac{x^5}{5!} - \frac{x^7}{7!} + \frac{x^9}{9!} - \cdots$$

그리고 위의 두 식에서 x^3의 계수가 같기 때문에 다음을 얻을 수 있다.

$$-\frac{1}{3!} = -\frac{1}{\pi^2}\left(1 + \frac{1}{4} + \frac{1}{9} + \frac{1}{16} + \frac{1}{25} + \cdots\right)$$

따라서

$$\zeta(2) = 1 + \frac{1}{2^2} + \frac{1}{3^2} + \frac{1}{4^2} + \frac{1}{5^2} + \frac{1}{6^2} + \cdots$$

$$= 1 + \frac{1}{4} + \frac{1}{9} + \frac{1}{16} + \frac{1}{25} + \frac{1}{36} + \cdots$$

$$= \frac{\pi^2}{3!} = \frac{\pi^2}{6}$$

그런데 이 식은 원주율 π의 근삿값을 구할 때 사용하기에는 불편하다. 실제로 처음 20개의 항을 사용하여 근삿값을 구하면

$$\frac{\pi^2}{6} \approx 1 + \frac{1}{2^2} + \frac{1}{3^2} + \frac{1}{4^2} + \cdots + \frac{1}{20^2}$$

$$= 1 + \frac{1}{4} + \frac{1}{9} + \frac{1}{16} + \cdots + \frac{1}{400}$$

$$\approx 1.596$$

이므로 $\pi^2 \approx 1.596 \times 6 = 9.576$이다. 이 식으로부터 π를 얻으면

$\pi \approx 3.0945$이고, 이 값은 우리가 흔히 사용하는 원주율의 근삿값 3.14 보다 훨씬 작다. 오히려 월리스가 만든 공식을 이용하면 더 정확한 π를 구할 수 있다. 즉, 월리스가 1650년에 만든 식의 분모와 분자에 각각 10개씩의 항을 계산하면

$$\frac{\pi}{2} \approx \frac{2\cdot 2\cdot 4\cdot 4\cdot 6\cdot 6\cdot 8\cdot 8\cdot 10\cdot 10}{1\cdot 3\cdot 3\cdot 5\cdot 5\cdot 7\cdot 7\cdot 9\cdot 9\cdot 11}$$

$$= \frac{14745600}{9823275}$$

$$\approx 1.501$$

이므로 π는 약 3임을 알 수 있다. 아마도 π의 근삿값을 가장 손쉽게 구할 수 있는 식은 라이프니츠가 제시한 식일 것이다. 이 식은 분모가 홀수인 단위분수를 더하고 빼기를 번갈아 한 후 그 결과에 4를 곱하면 π의 근삿값을 얻을 수 있음을 보여준다. 실제로 처음 10개와 11개의 항으로 근삿값을 구하면 다음과 같다.

$$\pi \approx 4 \times \left(1 - \frac{1}{3} + \frac{1}{5} - \frac{1}{7} + \frac{1}{9} - \frac{1}{11} + \frac{1}{13} - \frac{1}{15} + \frac{1}{17} - \frac{1}{19}\right)$$

$$= 4 \times 0.76 = 3.04$$

$$\pi \approx 4 \times \left(1 - \frac{1}{3} + \frac{1}{5} - \frac{1}{7} + \frac{1}{9} - \frac{1}{11} + \frac{1}{13} - \frac{1}{15} + \frac{1}{17} - \frac{1}{19} + \frac{1}{21}\right)$$

$$= 4 \times 0.81 = 3.24$$

즉, 위의 두 식으로부터 $3.04 < \pi < 3.24$이고, 이 부등식은 간격은 항의 수를 늘리면 점점 더 좁아진다. 그런데 옛날 수학자들은 이런 계산을 우리와 같이 계산기나 컴퓨터를 사용하지 않고 오로지 손과 머리로만 계산했다는 것이 놀라울 뿐이다.

02. 아르키메데스의 수(1)

유클리드로부터 본격적인 연구가 시작된 원주율은 아르키메데스에 의하여 가장 근사한 값이 알려지게 되었다. 원주율의 정확한 정의는 원의 지름에 대한 원의 둘레의 비율이다. 즉, 원의 지름을 d, 둘레를 C라 하면 원주율은 $\pi = \dfrac{C}{d}$와 같이 나타낼 수 있다.

기원전 3세기의 그리스 수학자인 아르키메데스는 근대 적분이 없었던 당시에 무한소의 개념을 사용하여 원주율의 근삿값을 구했다. 아르키메데스는 매우 많은 변을 갖는 다각형이 임의의 원에 내접하는 경우와 외접하는 경우를 비교하여 원주율을 계산하였다. 즉, 임의의 원의 둘레는 그것에 외접하는 다각형의 둘레보다 짧고 내접하는 다각형보다 길다. 이때 다각형의 변이 많아질수록 외접하는 원과 내접하는 원의 둘레의 차는 작아지므로 원의 둘레에 근사하게 된다. 따라서 지름이 d인 원에 내접하는 변의 개수가 n인 정다각형의 둘레 P_n에 대하여 다음과 같이 원주율을 얻을 수 있다.

$$\pi = \lim_{n \to \infty} \frac{P_n}{d}$$

실제로 아르키메데스는 정96각형을 이용하여 다음과 같은 π의 값을 얻었다.

$$3\frac{10}{71} < \pi < 3\frac{1}{7} \Rightarrow 3.1408 < \pi < 3.1429$$

아르키메데스는 이 결과로부터 π의 근삿값으로 3.1416을 제시했으며, 반지름의 길이가 r인 원의 넓이는 πr^2임을 증명하였다.

그렇다면 아르키메데스는 어떻게 정96각형의 한 변의 길이를 구할 수 있었을까?

▶ 아르키메데스의 원주율 상한 구하기

이제 아르키메데스가 사용했던 방법으로 원주율 π를 구하여 보자. 그런데 이것의 계산이 매우 길기 때문에 여기서는 먼저 $\pi < 3\frac{1}{7}$ 임을 알아보고, $3\frac{10}{71} < \pi$은 다음에 알아보자.

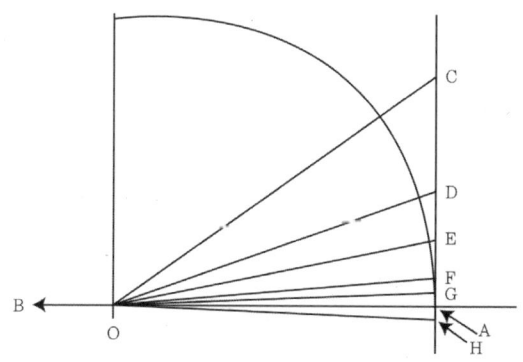

위의 그림에서 AB는 원 O의 지름이고 OA는 이 원의 반지름이다. 그리고 ∠AOC를 직각의 $\frac{1}{3}$인 30°라고 하자. 그러면 다음과 같은 두 식이 성립한다.

$$OA : OC = 1 : \sqrt{3} \quad \cdots\cdots ①$$
$$OC : AC = 306 : 153 \quad \cdots\cdots ②$$

이 식은 아르키메데스가 $\sqrt{3} > \frac{265}{153}$으로 생각해서 얻은 것인데, 그가 어떻게 이렇게 $\sqrt{3}$에 대한 정확한 근삿값을 구했는지는 아직도 미스터리이다. 즉, 직각삼각형 OAC에서 OA=265이고 AC=153이면 OC=306이다.

이제 차례로 아르키메데스의 방법을 따라가 보자.

(1) ∠AOC를 이등분하는 선분이 AC와 만나는 점을 D라 하자. 그러면 CO : OA = CD : DA 이므로

$$\frac{CO}{OA} = \frac{CD}{DA} \Rightarrow \frac{CO+OA}{OA} = \frac{CD+DA}{DA} = \frac{CA}{DA}$$

$$\Rightarrow \frac{CO+OA}{CA} = \frac{OA}{DA}$$

따라서

$$\frac{OA}{DA} = \frac{CO+OA}{CA} = \frac{CO}{CA} + \frac{OA}{CA}$$

$$= \frac{306}{153} + \frac{265}{153} = \frac{571}{153}$$

즉, 다음이 성립한다.

$$OA : AD = 571 : 153 \qquad \cdots\cdots ③$$

피타고라스 정리에 의하여 $OD^2 = OA^2 + AD^2$ 이므로

$$\frac{OD^2}{AD^2} = \frac{OA^2}{AD^2} + 1 = \left(\frac{571}{153}\right)^2 + 1$$

$$= \frac{349450}{23409}$$

∴ $OD^2 : AD^2 = 349450 : 23409$

여기서 아르키메데스는 $\sqrt{349450} > 591\frac{1}{8}$ 로 계산했기 때문에 다음이 성립한다.

$$\text{OD} : \text{DA} > 591\frac{1}{8} : 153 \qquad \cdots\cdots ④$$

(2) ∠AOD를 이등분하며 AD와 만나는 점을 E라 하자. 그러면

$$\frac{\text{OD}+\text{OA}}{\text{OA}} = \frac{\text{DE}+\text{EA}}{\text{EA}} = \frac{\text{DA}}{\text{EA}}$$

$$\Rightarrow \frac{\text{OD}+\text{OA}}{\text{DA}} = \frac{\text{OA}}{\text{EA}} = \frac{591\frac{1}{8}}{153} + \frac{571}{153}$$

$$= \frac{1162\frac{1}{8}}{153}$$

따라서 다음이 성립한다.

$$\text{OA} : \text{AE} = 1162\frac{1}{8} : 153 \qquad \cdots\cdots ⑤$$

그리고 $\text{OE}^2 = \text{OA}^2 + \text{EA}^2$ 이므로

$$\frac{\text{OE}^2}{\text{EA}^2} = \frac{\text{OA}^2}{\text{EA}^2} + 1 = \frac{(1162\frac{1}{8})^2 + 153^2}{153^2}$$

$$= \frac{1373943\frac{33}{64}}{23409}$$

이다. 여기서 $\sqrt{1373943\frac{33}{64}} > 1172\frac{1}{8}$ 로 근삿값을 택하면 다음을 얻는다.

$$\text{OE} : \text{AE} > 1172\frac{1}{8} : 153 \qquad \cdots\cdots ⑥$$

원리와 개념을 잡아주는 수학법칙

(3) ∠AOE를 이등분하며 AE와 만나는 점을 F라 하자. 그러면

$$\frac{EF}{FA} = \frac{EO}{OA} \Rightarrow \frac{EA}{FA} = \frac{EO+OA}{OA}$$

$$\Rightarrow \frac{OA}{FA} = \frac{EO}{EA} + \frac{OA}{EA}$$

이고, ⑤와 ⑥에 의하여

$$OA : AF > 2334\frac{1}{4} : 153 \qquad \cdots\cdots ⑦$$

그런데

$$\frac{OF}{FA} = \sqrt{\frac{OA^2}{AF^2}+1} = \sqrt{\left(\frac{2334\frac{1}{4}}{153}\right)^2 + 1}$$

$$= \sqrt{\frac{5472132\frac{1}{16}}{23409}} > \frac{2339\frac{1}{4}}{153}$$

이므로 다음을 얻는다.

$$OF : AF > 2339\frac{1}{4} : 153 \qquad \cdots\cdots ⑧$$

(4) ∠AOF를 이등분하며 AF와 만나는 점을 G라 하자. 그러면

$$\frac{FG}{GA} = \frac{FO}{OA} \Rightarrow \frac{FA}{GA} = \frac{FO+OA}{OA}$$

$$\Rightarrow \frac{OA}{GA} = \frac{FO}{FA} + \frac{OA}{FA} > \frac{4673\frac{1}{2}}{153}$$

즉, 다음을 얻는다.

$$OA : AG > 4673\frac{1}{2} : 153$$

그리고 직각의 $\frac{1}{3}$이었던 ∠AOC는 네 번을 반으로 나누었기 때문에 ∠AOG는 직각의 $\frac{1}{48}$이다.

이제 OA의 밑쪽으로 ∠AOG와 크기가 같은 각을 그리고 직선 AC와 만나는 점을 H라 하자. 그러면 ∠GOH는 직각의 $\frac{1}{24}$가 되고, GH는 정96각형의 한 변이 된다.

그런데

$$OA : AG > 4673\frac{1}{2} : 153$$

$$AB = 2 \cdot OA, \ GH = 2 \cdot AG$$

이고 153×96=14688이므로

$$AB : (정96각형의 둘레) > 4673\frac{1}{2} . 14688$$

이다. 그런데

$$\frac{원의\ 둘레}{지름} < \frac{정96각형의\ 둘레}{지름} < \frac{14688}{4673\frac{1}{2}}$$

$$= 3 + \frac{667\frac{1}{2}}{4673\frac{1}{2}} < 3\frac{1}{7}$$

이다.

그러므로 원의 둘레를 지름으로 나눈 원주율은 $3\frac{1}{7}$보다 작다.

아르키메데스가 사용한 방법은 유클리드의 <원론>의 내용을 기초로

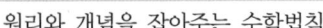

하고 있다. 특히 그의 방법에서 사용된 처음 비례는 <원론>의 Proposition VI. 3을 활용한 것이다. 다음에는 하한에 대하여 알아보자.

03 아르키메데스의 수(2)

3.14159265358979…은 원의 둘레와 지름의 비를 나타내는 비율로 수학에서 가장 중요하고 유명한 상수 중 하나다. 그런데 어떤 수학자들이 원주율 π가 잘못됐다며 이를 다른 상수로 대체할 것을 주장하고 있다. 이들은 역사적으로 π가 갖는 수적 가치가 잘못된 것이 아니라 원의 속성상 이를 일상적으로 원과 연계하는 것이 잘못됐다고 주장한다. 따라서 모든 학교 수학교과서에 있는 π는 τ(타우)로 대체돼야 한다는 게 이들의 견해다. τ의 대략적인 값은 6.28로 π의 2배 정도다.

영국 일간지 더 타임스 인터넷 판은 2012년 6월 28일 τ의 사용을 주장하는 이런 수학자들이 이날을 '타우의 날(Tau Day)'로 선포했다고 소개했다. τ 캠페인을 이끄는 영국의 리드대학교 수학과의 케빈 휴스턴 박사는 원과 연계하기에 가장 자연스럽고 적절한 수는 2π, 즉 τ이지 π가 아니라고 주장했다. 많은 수학 공식이 π의 두 배, 즉 2π를 사용하기 때문에 τ가 원과 관련된 주요 상수로서 π를 대신해야 한다는 것이 그들의 생각이다.

휴스턴 박사는 수학자들은 각도를 60분법의 '도'가 아니라 호도법에 따른 '라디안'으로 측정해 360°를 2π라디안으로 계산한다면서, 이에 따라 원의 $\frac{1}{4}$에 해당하는 각도 90°는 π라디안의 $\frac{1}{2}$인 $\frac{\pi}{2}$이 되는 등 불필요함과 혼돈을 가져왔다고 지적했다. 그는 "π 대신에 τ를 사용한다면 얼마나 간단해지겠는가?"라고 반문하며 원 전체에 해당하는 각도는 τ 라디안이고 반원은 $\frac{1}{2}\tau$라디안이 되며 90°는 $\frac{1}{4}\tau$가 되는 등 복잡하게 생각할 필요가 없게 된다고 주장했다.

6.28을 원과 관련한 자연 상수로 사용하자는 제안은 미국 유타대의 밥 팰레이 박사에 의해 처음 제기됐고 미국의 다른 수학자 마이클 하틀 박사가 이를 그리스 문자 π와 비슷한 모양의 τ로 표기할 것을 주창했다. 타우의 날을 널리 알리기 위해 휴스턴 박사는 유트브에 관련 동영상을 제작해 올렸고, 하틀 박사는 온라인으로 '타우 메니페스토' 운동을 전개했다. 파이를 타우로 대체하면 고급 수학이 훨씬 쉬워지고 미적분과 같은 수학적 개념을 많은 사람이 더욱 잘 이해하는 데 도움이 될 것이라고 휴스턴 박사는 덧붙였다.

▶ 아르키메데스의 원주율 하한 구하기

앞에서 우리는 아르키메데스가 사용했던 방법으로 원주율 π의 상한을 구했었다. 이번에는 하한 $3\frac{10}{71} < \pi$을 구하는 방법을 알아보자.

다음 그림에서 원 O의 지름은 AB이고, ∠CAB가 직각의 $\frac{1}{3}$인 30°라고 하자. 그러면 삼각형 ABC는 직각삼각형이다. 그러면 $\frac{AC}{BC} = \frac{\sqrt{3}}{1}$이고 $\sqrt{3} < \frac{1351}{780}$이므로 AC : BC < 1351 : 780이 성립한다.

이제 상한과 마찬가지로 아르키메데스의 방법으로 하한을 구해보자.

원리와 개념을 잡아주는 수학법칙

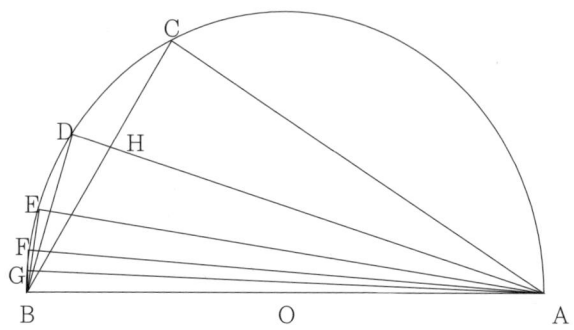

(1) ∠CAB를 이등분하는 선분을 BC와 H에서 만나고 원과는 D에서 만나게 긋는다. 그러면 ∠BAD는 ∠CAB의 이등분 각이고 호 CD의 원주각이므로 다음이 성립한다.

∠BAD = ∠HAC = ∠HBD

그리고 C와 D에서의 각은 모두 직각이다. 따라서 두 삼각형 ADB와 BDH는 닮은 삼각형이고, 삼각형 ACH는 삼각형 ADB, 삼각형 BDH와 닮은 삼각형이므로 다음이 성립한다.

AD : BD = BD : DH = AB : BH
= (AB + AC) : (BH + CH)
= (AB + AC) : BC

또 (BA + AC) : BC = AD : DB가 성립한다.

그런데 AB : BC = 2 : 1이므로

$$\frac{AD}{BD} = \frac{BA + AC}{BC} = \frac{BA}{BC} + \frac{AC}{BC}$$

$$< \frac{2}{1} + \frac{1351}{780} = \frac{2911}{780}$$

따라서 다음이 성립한다.

$$\mathrm{AD:DB} < 2911 : 780 \qquad \cdots\cdots ①$$

한편 $\mathrm{AB}^2 = \mathrm{AD}^2 + \mathrm{BD}^2$ 이므로

$$\frac{\mathrm{AB}^2}{\mathrm{BD}^2} = \frac{\mathrm{AD}^2}{\mathrm{BD}^2} + 1 < \frac{2911^2}{780^2} + 1 = \frac{9082321}{608400}$$

이다. 그런데 $\sqrt{9082321} < 3012\frac{3}{4}$ 이므로 다음이 성립한다.

$$\mathrm{AB:DB} < 3013\frac{3}{4} : 780 \qquad \cdots\cdots ②$$

(2) ∠BAD를 이등분하며 원과 만나는 점이 E인 선분 AE를 긋는다. 그러면 ①과 마찬가지 방법으로

$$\frac{\mathrm{AE}}{\mathrm{EB}} = \frac{\mathrm{AB}+\mathrm{AD}}{\mathrm{BD}} < \frac{3013\frac{3}{4}}{780} + \frac{2911}{780} = \frac{5924\frac{3}{4}}{780}$$

따라서 다음이 성립한다.

$$\mathrm{AE:EB} < 5924\frac{3}{4} : 780 = 1823 : 240 \qquad \cdots\cdots ③$$

또, ②와 마찬가지로 $\mathrm{AB}^2 = \mathrm{AE}^2 + \mathrm{BE}^2$ 이므로

$$\frac{\mathrm{AB}^2}{\mathrm{BE}^2} = \frac{\mathrm{AE}^2}{\mathrm{BE}^2} + 1 < \frac{1823^2}{240^2} + 1 = \frac{3380929}{57600}$$

이다. 그런데 $\sqrt{3380929} < 1838\frac{9}{11}$ 이므로 다음이 성립한다.

$$\mathrm{AE:EB} < 1838\frac{9}{11} : 240 \qquad \cdots\cdots ④$$

(3) ∠BAE를 이등분하며 원과 만나는 점이 F인 선분 AF를 긋는다. 그러면 ③과 ④에 의하여

원리와 개념을 잡아주는 수학법칙

$$\frac{AF}{FB} = \frac{AB+AE}{BE} = \frac{AB}{BE} + \frac{AE}{BE} < \frac{3661\frac{9}{11}}{240}$$

따라서 다음이 성립한다.

$$AF : FB < 3661\frac{9}{11} \times \frac{11}{40} : 240 \times \frac{11}{40} = 1007 : 66 \quad \cdots\cdots ⑤$$

그런데 $AB^2 = AF^2 + BF^2$이므로

$$\frac{AB^2}{BF^2} = \frac{AF^2}{BF^2} + 1 < \frac{1007^2}{66^2}1 = \frac{1018405}{4356}$$

따라서 다음이 성립한다.

$$AB : BF < 1009\frac{1}{6} : 66 \quad \cdots\cdots ⑥$$

(4) ∠BAF를 이등분하며 원과 만나는 점이 G인 선분 AG를 긋는다. 그러면 ⑤와 ⑥에 의하여 다음이 성립한다.

$$AG : BG < 2016\frac{1}{6} : 66$$

그런데 $AB^2 = AG^2 + BG^2$이므로

$$\frac{AB^2}{BG^2} = \frac{AG^2}{BG^{2+1}} < \frac{1007^2}{66^2} + 1 = \frac{4069284\frac{1}{36}}{4356}$$

따라서 다음이 성립한다.

$$AB : BG < 2017\frac{1}{4} : 66 \quad \cdots\cdots ⑦$$

한편 ∠BOG는 직각의 $\frac{1}{24}$이기 때문에 BG는 정96각형의 한 변이다. 또

$$\frac{\text{원의 둘레}}{\text{지름}} > \frac{\text{원에 내접하는 정96각형의 둘레}}{\text{지름}}$$

$$= 96 \times \frac{\text{BG}}{\text{AB}} = 96 \times \frac{66}{2017\frac{1}{4}}$$

$$= \frac{6336}{2017\frac{1}{4}}$$

이고, ⑦로부터

$$(\text{정96각형의 둘레의 길이}) : \text{AB} > 6336 : 2017\frac{1}{4}$$

이다. 즉 다음이 부등식이 성립한다.

$$3\frac{10}{71} < \frac{6336}{2017\frac{1}{4}}$$

그러므로 위의 식과 2장에서상한으로부터 아르키메데스가 얻은 원주율 π는 다음과 같다.

$$3\frac{10}{71} < \pi < 3\frac{1}{7}$$

고대 이집트와 바빌론 인들은 π의 정확한 수치를 1% 정도의 오차 범위 내에서 파악한 것으로 알려졌다. 1706년 이 상수에 윌리엄 존스는 그리스 문자로 '둘레'를 뜻하는 'perimeter'의 첫 알파벳에서 따온 '파이(π)'라는 이름을 부여했고, 오일러가 사용하며 수학에서 본격적으로 사용되기 시작했다.

원주율을 지금과 같이 π로 하던, 휴스턴 박사의 말대로 τ로 하던, 변하는 것은 없다. 즉, 우리에게 중요한 것은 기호와 값이 $\pi = 3.14$이든,

$\tau=6.28$이든, 원주율은 원의 둘레에 대한 지름의 비라는 변하는 않는 것이다. 그리고 그 값을 구하기 위하여 많은 수학자들이 연구를 거듭했다는 사실이며, 그런 연구를 바탕으로 수학은 발전한다. π를 τ로 바꾼다고 해서 수학이 더 진보하는 것도 고급스러워지는 것도 아니다. 수학자 중에도 쓸모없는 일에 목숨을 거는 사람이 있나 보다.

04 파이 데이(pi-day)

2월 14일은 여자가 부끄러움 없이도 남자에게 사랑을 고백해도 되는 날로 알려진 발렌타인 데이다. 이 날의 유래 중에서 가장 널리 알려진 것은 로마제국에서 시작된 성 발렌타인(Valentine)의 축일이다. 당시 로마제국의 황제 클라우디우스 2세는 군인들의 결혼을 금지시켰는데, 황제의 금혼령에도 불구하고 결혼을 원했던 군인과 그의 연인을 위해 발렌타인 주교는 혼배성사를 집전해주었다. 결국 주교는 2월 14일날 처형당하고 말았다. 이후 200여년이 지난 496년에 교황 겔라시우스 1세는 2월 14일을 성 발렌타인의 축일로 기념하도록 했다.

서양에서는 15세기 무렵부터 이날에 연인 간에 사랑이 담긴 카드를 주고받기 시작했고, 초콜릿이나 쿠키 등을 선물하는 풍습은 19세기 영국에서부터 시작되었다. 그러다가 1936년 일본의 한 제과업체가 '발렌타인 데이는 초콜릿을 선물하는 날이다.'는 광고를 하면서부터 제과류를 선물하는 날로 변질되었다. 이후 1960년대 일본에는 여성이 초콜릿을 남성에게 주면서 사랑을 고백하는 일본식 발렌타인 데이가 정착했다. 우리나라에는 이런 풍습이 1980년대 중반에 유입되어 상술이라는 비판에도 불구하고 친구나 연인에게 초콜릿을 선물하는 날로 자리 잡게 되었다.

그런데 발렌타인 데이의 한 달 뒤인 3월 14일이 사탕을 주고받는 화이트 데이(White-day)라는 일본 제과업체의 상술이 다시 한 번 발휘되어 오늘날 3월 14일은 밑도 끝도 없는 기념일이 되었다. 일본과 우리나라에서만 3월 14일은 발렌타인 데이와 반대로 남자가 여자에게 사랑을 고백하는 날로 알려졌다.

▶ 파이 데이

한편, 수학자들은 3월 14일을 원주율 π가 3.1415926…임을 기념하기 위하여 '파이(π) 데이'라고 이름 붙였다. 특히 미국에서 활동하고 있는 'π-Club'이라는 모임에서는 3월 14일 오후 1시 59분 26초에 모여 π모양의 파이를 먹으며 이 날을 축하한다. 그리고 π값 외우기, π에 나타나는 숫자에서 생일 찾아내기 같은 게임과 원과 관련된 놀이기구의 길이, 넓이, 부피 구하기 등의 퀴즈 대회를 한다.

π는 원이나 구에서 찾을 수 있는 특별한 값이다. 그리스 최고의 철학자인 아리스토텔레스는 원과 구에 대하여 다음과 같이 말했다.

"원과 구, 이것들만큼 신성한 것에 어울리는 형태는 없다. 그러기에 신은 태양이나 달, 그 밖의 별들, 그리고 우주 전체를 구 모양으로 만들었고, 태양과 달 그리고 모든 별들이 원을 그리면서 지구둘레를 돌도록 하였던 것이다."

우주가 지구를 중심으로 돌고 있다는 아리스토텔레스의 천동설이 옳

원리와 개념을 잡아주는 수학법칙

지 않다는 것은 이미 판명되었고, 별들이 원을 그리면서 도는 것도 아니지만, 원과 구의 완벽함에 대한 그의 찬사는 정당한 것이었다.

원은 '한 평면 위의 한 정점(원의 중심)에서 일정한 거리(반지름)에 있는 점들의 집합'이다. 따라서 원은 반지름의 길이에 따라 크기만 달라질 뿐 모양은 모두 똑같다. 그리고 원의 둘레의 길이는 반지름의 길이에 따라 정해진다. 특히 원의 둘레의 길이와 지름은 원의 크기와 상관없이 일정한 비를 이루는데, 이 값을 원주율이라고 하고 기호 π로 나타낸다. 이 기호는 '둘레'를 뜻하는 그리스어 '$\pi\epsilon\rho\iota\mu\epsilon\tau\rho o\varsigma$'의 머리글자로 18세기 스위스의 수학자 오일러가 처음 사용했다.

반지름의 길이가 주어졌을 때 원의 둘레와 원주율 π를 구하려는 노력은 아주 오래전부터 있어왔다. 그런 수학자 중에는 아르키메데스도 있었다. 아르키메데스는 π에 관심이 많았기 때문에 그 값을 정확하게 구하기 위하여 많은 노력을 했다. 그는 원의 둘레의 길이를 측정하기 어려우므로 원에 내접하고 외접하는 정다각형을 이용하여 원의 둘레의 길이를 구하였다. 즉,

(내접하는 정n각형의 둘레의 길이) < (원의 둘레)

< (외접하는 정n각형의 둘레의 길이)

이므로 원의 둘레의 길이의 근삿값을 구할 수 있었다.

다음 그림은 반지름의 길이가 1인 원에 내접하고 외접하는 정사각형을 그린 것이다. 먼저 외접하는 큰 사각형의 둘레의 길이는 $\overline{OI}$가 1이므로 다음과 같다.

(□ABCD의 둘레의 길이)=2×4=8

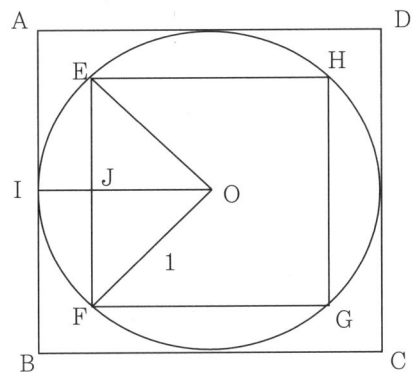

내접하는 정사각형의 둘레의 길이를 구하기 위하여 $\overline{EF}$ 의 길이를 구하면 된다. 그런데 △OEF는 $\overline{OE} = \overline{OF} = 1$인 직각이등변삼각형이므로 피타고라스 정리에 의하여 다음과 같이 $\overline{EF}$ 의 길이를 구할 수 있다.

$$\overline{EF} = \sqrt{1^2 + 1^2} = \sqrt{2}$$

그러므로 내접하는 정사각형인 □AF의 둘레의 길이는 다음과 같다.

(□EFGH의 둘레의 길이)= $\sqrt{2} \times 4 \approx 1.4 \times 4 = 5.6$.

따라서 원의 둘레는 5.6보다는 크고 8보다는 작다고 할 수 있다. 그리고 반지름의 길이가 1인 원의 둘레는 π의 두 배이므로 π는 2.8보다 크고 4보다 작다고 할 수 있다.

다음 그림과 같이 정8각형을 원에 외접하고 내접하게 그리면 참값에 조금 더 참값에 가까운 π의 근삿값을 구할 수 있다. 아르키메데스는 이와 같은 방법으로 정96각형을 이용하여 원의 둘레의 길이와 원주율 π의 근삿값을 다음과 같이 구하였다.

$$3.1408 \cdots < \pi < 3.1428 \cdots$$

이 값은 소수점 두 자리까지 정확한 값이었기 때문에 π를 '아르키메데스의 수'라고도 부른다.

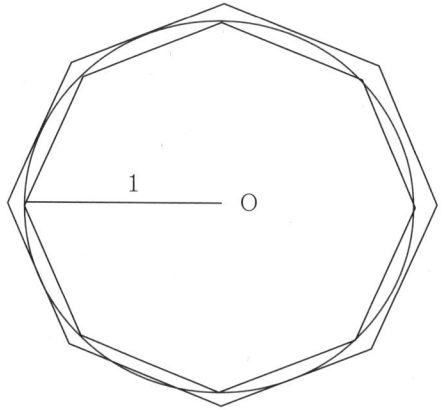

지금 이 순간에도 π의 정확한 값을 구하기 위하여 많은 수학자들이 노력하고 있다. 다음은 π에 관련된 고대 이집트와 동양의 몇 가지 역사적인 내용들이다.

약 150년 경 : 알렉산드리아의 프톨레마이오스(Claudius Ptolemy)는 그의 명저 <수학대계>에서 π를 60진법으로 3 8' 30"으로 주었다. 이는 십진법으로 3.1416에 해당하는 값이다.

약 480년 경 : 중국의 조충지(祖沖之)는 유리근삿값 $\frac{355}{113} = 3.1415929\cdots$를 만들었는데, 이 값은 소수점 여섯째 자리까지 정확하다.

약 530년 경 : 인도 수학자 아리아바타(Āryabhata)가 π에 대한 근삿값으로 $\frac{62832}{20000}$을 주었다. 이 결과가 어떻게 얻어졌는지 정확하게는 알려져 있지 않지만, 내접하는 정384각형의 둘레의 길이를 계산하여 얻은 것으로 추측하고 있다.

Chapter 1 파이 π

약 1150년 경 : 인도 수학자 바스카라(Bháskara)는 π에 대한 몇 개의 근삿값을 만들었다. 그 중 $\frac{3927}{1250} = 3.1416$은 정확한 값으로서, $\frac{22}{7}$은 부정확한 값으로서, $\sqrt{10}$은 보통의 값으로서 주었는데, 첫 번째 값은 아리아바타의 결과를 활용하여 얻은 것으로 추측하고 있다.

한편, 1767년에 람베르트(Johann Heinrich Lambert)는 π가 무리수임을 증명했다. 또 1882년에 린데만(F. Lindemann)은 π가 초월수임을 증명했다. 어떤 수가 유리수를 계수로 갖는 다항식의 근이면 대수적 수(algebraic number)이라고 하고, 그렇지 않으면 초월수(transcendental number)라고 한다.

π와 관련된 이야기 중 하나는 π를 많은 자리까지 기억하기 위하여 생각해낸 다양한 방법들이다. 그 중에서 다음에 소개하는 방법은 1906년 <Literary Digest>지에 실린 오르(A. C. Orr)의 작품으로, 단순히 각 단어를 문자의 수로 바꾸면 정확히 π의 소수점 30자리까지의 값이 된다. 이 내용은 아르키메데스를 찬양하는 것이다.

Now, I, even I, would celebrate

In rhymes unapt, the great

Immortal Syracusan, rivaled nevermore,

Who in his wondrous lore,

Passed on before,

Left men his guidance

How to circle mensurate

π를 기억하기 위한 또 다른 흥미로운 방법 중 하나는 인터넷을 이용하여 http://pi.ytmnd.com/에 접속하면 π의 값을 노래로 만들어 부르는 것을 들을 수 있다. 그리고 2016년 11월 11일 스위스의 입자 물리학자인 페터 트뤼프(Peter Trüb)는 컴퓨터로 105일 동안 계산하여, 원주율을 소수점 아래 22조 4591억 5771만 8361자리까지 계산했다.

▶ π 값 알아보기

이 숫자는 어느 정도일까? 보통 우리가 컴퓨터를 이용하여 문서를 편집할 때 사용하는 A_4용지에 맞게 쓴다고 생각해 보자. 그러면 한 줄에 모두 82개의 숫자를 쓸 수 있고, 모두 41줄을 쓸 수 있으므로 A_4 용지 한 장에는 3362개의 숫자를 쓸 수 있다. 결국 페터가 얻은 π의 값을 쓰기 위해서는 모두 66억 8029만 6764장의 종이가 필요하다. 실로 엄청난 숫자이다. 다음은 그가 얻은 π의 값의 소수점 1000개의 숫자이며 개수를 세기 편하게 10개씩 묶어서 적었다. π의 값을 즐겨보기 바란다.

Chapter 1 파이 π

3.1415926535 8979323846 2643383279 5028841971 6939937510
  5820974944 5923078164 0628620899 8628034825 3421170679
  8214808651 3282306647 0938446095 5058223172 5359408128
  4811174502 8410270193 8521105559 6446229489 5493038196
  4428810975 6659334461 2847564823 3786783165 2712019091
  4564856692 3460348610 4543266482 1339360726 0249141273
  7245870066 0631558817 4881520920 9628292540 9171536436
  7892590360 0113305305 4882046652 1384146951 9415116094
  3305727036 5759591953 0921861173 8193261179 3105118548
  0744623799 6274956735 1885752724 8912279381 8301194912
  9833673362 4406566430 8602139494 6395224737 1907021798
  6094370277 0539217176 2931767523 8467481846 7669405132
  0005681271 4526356082 7785771342 7577896091 7363717872
  1468440901 2249534301 4654958537 1050792279 6892589235
  4201995611 2129021960 8640344181 5981362977 4771309960
  5187072113 4999999837 2978049951 0597317328 1609631859
  5024459455 3469083026 4252230825 3344685035 2619311881
  7101000313 7838752886 5875332083 8142061717 7669147303
  5982534904 2875546873 1159562863 8823537875 9375195778
  1857780532 1712268066 1300192787 6611195909 2164201989

  ....

참고문헌

1. Euclid, The Element, Barnes & Noble, New York, 2006.

Chapter 2

벡터

원리와 개념을 잡아주는 수학법칙

원리와 개념을 잡아주는 수학법칙

01 벡터

우리나라는 겨울과 봄이면 미세먼지 때문에 파란 하늘을 보기가 어렵다. 우리나라에 있는 대부분의 미세먼지는 중국에서부터 서해를 건너 유입된다고 한다. 하지만 중국은 우리나라의 미세먼지가 중국이 발원지라는 과학적인 근거를 대라고 주장하고 있다. 그런데 미세먼지가 중국으로부터 유입된다는 과학적인 근거는 뜻밖에 간단하다. 바로 중국과 우리나라 주변의 공기흐름 상태를 살펴보면 된다.

지구 여러 곳의 미세먼지, 초미세먼지, 공기와 해류의 흐름 등을 인공위성을 통하여 실시간으로 상황을 알려주는 어스 널 스쿨(earth null school)이라는 사이트가 있다. 이 사이트에 접속하면 원하는 시간에 원하는 지역의 미세먼지와 초미세먼지가 어떻게 움직이고 있는지 눈으로 확인할 수 있다. 그래서 미세먼지가 중국으로부터 우리나라로 넘어오고 있음을 과학적인 확인할 수 있기 때문에 중국의 주장은 옳지 않음을 알 수 있다.

구체적으로, 현재의 미세먼지 상태를 확인하고 싶다면 다음 어스 널 스쿨의 사이트에 접속하면 된다.

https://earth.nullschool.net/#current/particulates/surface/level/overlay=pm2.5/orthographic=-233.41,26.87,1219/loc=126.882,37.990%C2%A0

예를 들어 다음 그림은 어스 널 스쿨에서 볼 수 있는 2019년 3월 25일의 미세먼지 흐름이다.

Chapter 2 벡터

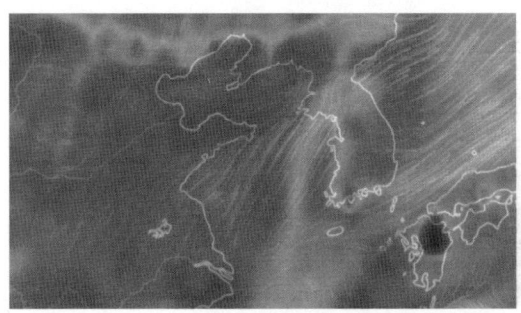

 미세먼지의 흐름과 같은 경우는 바람의 방향도 중요하고 바람의 세기도 중요하다. 그리고 방향과 세기를 함께 지니고 있는 수학적 도구인 벡터를 사용하면 위와 같은 미세먼지의 흐름을 과학적으로 연구할 수 있다.

▶▶ 벡터

 선분의 길이, 도형의 넓이나 부피, 온도 등과 같은 양은 하나의 실수로 나타낼 수 있다. 그러나 속도, 가속도, 힘 등의 양은 크기는 물론 방향도 가지고 있으므로 크기와 방향이 모두 정해져야만 그 양을 나타낼 수 있다. 일반적으로 크기만을 갖는 양을 스칼라(scalar)라 하고 크기와 동시에 방향을 갖는 양을 벡터(vector)라고 한다.

 크기만 갖는 양은 하나의 실수로 나타낼 수 있지만 크기와 방향을 갖는 벡터는 크기와 방향을 동시에 나타내어야 하므로 하나의 실수로 나타낼 수 없다. 따라서 벡터는 다음 그림과 같이 크기를 나타내는 선분 AB에 방향을 나타내는 화살표를 붙여 표현한다.

원리와 개념을 잡아주는 수학법칙

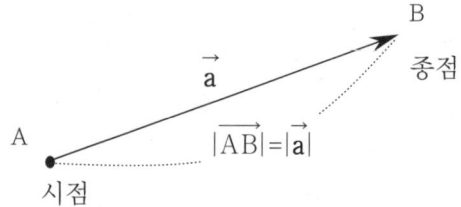

이때 이 벡터를 기호로 $\overrightarrow{AB}$ 또는 $\vec{a}$로 나타내고, 점 A를 벡터 $\overrightarrow{AB}$의 시점, 점 B를 벡터 $\overrightarrow{AB}$의 종점이라고 한다. 또 선분 AB의 길이를 벡터 $\overrightarrow{AB}$의 크기라 하고, 기호로 $|\overrightarrow{AB}|$ 또는 $|\vec{a}|$로 나타낸다. 그리고 벡터는 크기와 방향에 의해서만 정의되므로 다음 그림과 같이 크기와 방향이 각각 같은 벡터는 시점에 관계없이 모두 동일시한다. 즉, 한 벡터를 평행이동 하여 얻은 벡터는 모두 같은 것으로 여긴다는 것이다. 또 벡터 $\vec{a}$와 크기는 같지만 방향이 반대인 벡터를 벡터 $\vec{a}$의 역벡터라고 하고 기호 $-\vec{a}$로 나타낸다.

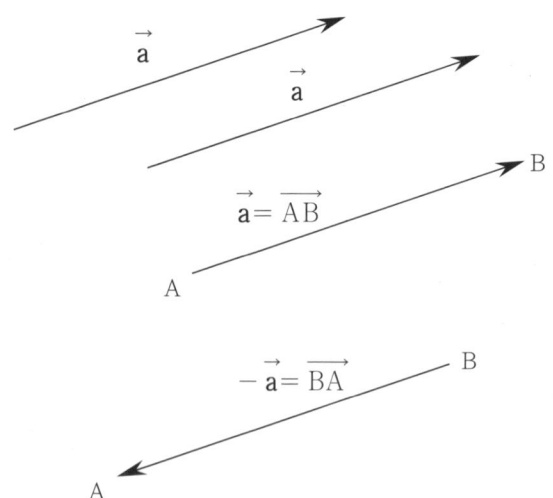

시점이 A이고 종점이 B인 벡터 $\overrightarrow{AB}$의 역벡터는 $\overrightarrow{AB}$와 크기는 같으며 방향이 반대이다. 따라서 $\overrightarrow{AB}$의 역벡터는 시점이 B이고 종점이 A인 벡터 $\overrightarrow{BA}$이다. 즉, $\overrightarrow{BA} = -\overrightarrow{AB}$이고 $|\overrightarrow{BA}| = |\overrightarrow{AB}|$ 이다.

한편 벡터 가운데에서 특정한 크기를 갖는 벡터가 있는데, 크기가 1인 단위벡터와 크기가 0인 벡터를 영벡터가 있다. 단위벡터는 보통 기호 $\vec{u}$로 나타내고, 영벡터는 기호 $\vec{0}$와 같이 나타낸다. 벡터는 크기와 방향이 있다고 했으므로 크기가 0인 영벡터도 방향을 가지고 있어야 한다. 그래서 영벡터의 방향은 임의로 생각한다. 즉, 어떤 방향도 다 될 수 있는 것으로 생각한다.

▶ 벡터의 합

벡터는 평면에서 뿐만 아니라 공간에서도 생각할 수 있는데, 평면에서의 벡터를 평면벡터, 공간에서의 벡터를 공간벡터라고 한다. 평면이나 공간에 있는 두 벡터는 서로 합할 수 있는데, 두 벡터 $\vec{a}$, $\vec{b}$에 대하여 $\vec{a}$를 $\overrightarrow{AB}$, $\vec{b}$를 $\overrightarrow{AD}$로 나타낼 때, 다음 그림과 같이 평행사변형 ABCD를 그리면

$$\overrightarrow{AC} = \overrightarrow{AB} + \overrightarrow{BC} = \vec{a} + \vec{b}$$

로 나타낼 수 있으므로 벡터 $\overrightarrow{AC}$는 두 벡터의 합

$$\vec{c} = \vec{a} + \vec{b}$$

로 나타낸다.

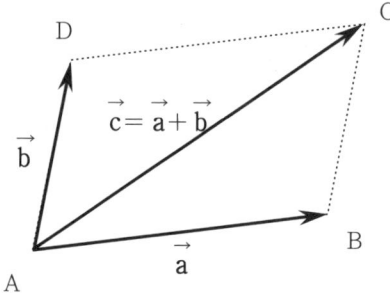

벡터의 덧셈은 위와 같이 벡터를 화살표로 표시하면 간단히 나타낼 수 있지만 벡터의 덧셈 법칙은 스칼라 양에 대한 법칙과는 같지 않다. 예를 들면 다음 그림에서 벡터 $\vec{a}$의 크기가 3이고 벡터 $\vec{b}$의 크기가 2라면, 그림에서와 같이 두 벡터를 더한 결과인 벡터 $\vec{c}=\vec{a}+\vec{b}$의 크기는 5가 아니고 5보다 더 작다. 즉, $\vec{a}+\vec{b}=\vec{c}$일 때, 다음 식이 성립한다.

$$|\vec{a}+\vec{b}| \geq |\vec{c}|$$

그리고 이 크기는 벡터 $\vec{a}$의 방향과 벡터 $\vec{b}$의 방향이 상대적으로 어떤 관계에 있느냐에 따라 달라진다.

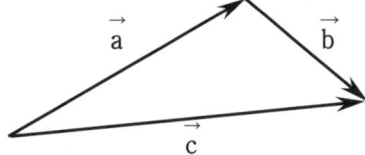

평면 또는 공간에 있는 벡터의 시점을 좌표평면 또는 좌표공간의 원점 O에 고정하면 임의의 벡터 $\vec{a}$에 대하여 $\vec{a}=\overrightarrow{OA}$가 되는 점 A의 위치가 정해진다. 역으로 임의의 점 A에 대하여 $\overrightarrow{OA}=\vec{a}$가 되는 벡터 $\vec{a}$는 하나로 정해진다. 이와 같이 시점을 원점 O에 고정했을 때, 벡터

$\overrightarrow{OA}$를 원점 O에 대한 점 A의 위치벡터라고 한다. 벡터의 시점을 점 O에 고정하면 벡터 $\overrightarrow{OA}$와 점 A는 일대일로 대응한다. 따라서 평면 또는 공간의 각 점은 모두 원점 O에 대한 위치벡터로 나타낼 수 있다. 평면과 공간에서 크기와 방향이 같은 벡터는 모두 같기 때문에 시점을 원점으로 평행이동 할 수 있다.

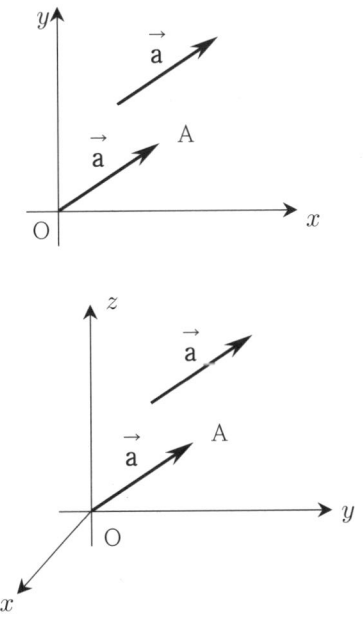

일반적으로 위치벡터는 원점에서 한 점 A를 향하여 선을 그음으로써 생기는 벡터이다. 유클리드 공간에서 한 점 A를 택하면 원점을 시점, 점 A를 종점으로 하는 하나의 벡터가 정해진다. 또한, 하나의 벡터가 주어지면 원점에서 이 벡터를 나타내는 화살표를 그을 때 그 종점 A가 정해지는데 이 벡터가 위치벡터이다. 이와 같이 일정한 점을 시점으로 하는 위치벡터를 구속벡터라고 한다. 반면에 시점과 종점에 구애받지 않는 벡터를 자유벡터라고 한다.

이와 같은 벡터는 16세기 네덜란드의 수학자 스테빈(S. Stevin, 1548~1620)에 의하여 힘의 삼각형에 대한 문제가 제기되면서 등장하였다. 그러나 벡터에 관한 이론은 뉴턴의 역학의 연구에서 출발하였다고 볼 수 있으며 19세기에 들어와 수학자이며 물리학자인 영국의 해밀턴(W. R. Hamilton, 1805~1865), 미국의 깁스(J. W. Gibbs, 1839~1903) 등이 벡터를 수학적으로 다루기 시작했다. 특히 그라스만(H. G. Grassman, 1809~1877)은 벡터를 n차원 공간의 기하학으로 설명하였으며 벡터의 내적과 외적을 정의하였다. 수학에서 벡터를 다루는 분야를 벡터해석학이라고 하는데, 벡터해석학에서 가장 중요한 내용은 벡터의 내적과 외적이다.

02 좌표평면 위에서의 벡터

오늘날 선진국들은 우주를 개척하기 위해 다양한 노력을 하고 있고, 우리나라도 곧 달에 우주선을 착륙시킬 예정이다. 그런데 로켓을 이용하여 우주선을 우주의 어떤 궤도에 진입시키거나 지구로 귀환시킬 때에는 우주선의 속력과 방향을 정확히 맞춰야 한다. 이와 같이 물체의 운동 방향과 힘의 크기를 함께 고려해야 할 때 벡터가 사용됨은 앞에서 이미 설명했었다.

그런데 크기와 방향이 각각 같은 벡터는 시점에 관계없이 모두 같은 벡터이므로 시점을 일치시키면 벡터를 이해하고 다루기 쉽다. 시점을 일치시키는데 가장 편리한 것은 원점 O가 있는 좌표평면이나 좌표공간이다. 평면 또는 공간에 있는 벡터의 시점을 좌표평면 또는 좌표공간의 원점 O에 고정하면 임의의 벡터 $\vec{a}$에 대하여 $\vec{a}=\overrightarrow{OA}$가 되는 점 A의 위치가 정해진다. 역으로 임의의 점 A에 대하여 $\overrightarrow{OA}=\vec{a}$가 되는 벡터 $\vec{a}$가 단 하나로 정해진다. 이와 같이 일정한 점 O를 시점으로 하는 벡터 $\overrightarrow{OA}$를 원점 O에 대한 점 A의 위치벡터라고 한다. 벡터의 시점을 점 O에 고정하면 벡터 $\overrightarrow{OA}$와 점 A는 일대일로 대응한다. 따라서 평면 또는 공간의 각 점은 모두 원점 O에 대한 위치벡터로 나타낼 수 있다.

▸ 좌표평면 위에서 벡터 나타내기

좌표평면과 좌표공간에서의 벡터를 알기 위하여 우리는 좌표평면에서의 벡터를 먼저 생각하자. 사실 좌표공간에서의 벡터는 좌표평면에서의 벡터를 확장한 것이므로 좌표평면에서의 벡터를 이해했다면 좌표공간에서의 벡터는 아주 쉽게 이해할 수 있다.

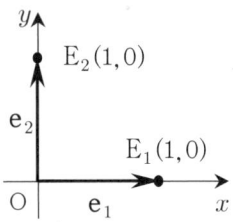

좌표평면 위에서 두 점 $E_1(1,0)$, $E_2(0,1)$의 원점에 대한 위치벡터 $\overrightarrow{OE_1}$, $\overrightarrow{OE_2}$를 각각 e_1, e_2라 하며, 두 벡터 e_1, e_2의 크기는 모두 1이므로 e_1, e_2는 단위벡터이다. 그리고 경우에 따라서는 $e_1=i$, $e_2=j$로 나타내기도 한다.

다음 그림과 같이 임의의 벡터 $\vec{a}$에 대하여 $\vec{a} = \overrightarrow{OA}$가 되는 점 A의 좌표를 (a_1, a_2)라고 하면 다음이 성립한다.

$$\vec{a} = a_1 e_1 + a_2 e_2$$

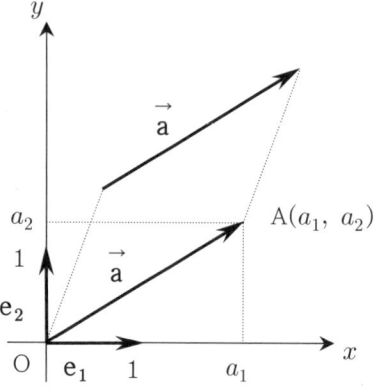

또 벡터 $\vec{a}$를 성분을 이용하여 $\vec{a} = (a_1, a_2)$와 같이 나타낸다. 예를 들어 좌표평면 위의 점 P(2, 3)에 대하여 위치벡터 $\overrightarrow{OP}$는 다음과 같이 나타낼 수 있다.

$$\overrightarrow{OP} = 2e_1 + 3e_2 = (2, 3)$$

좌표평면 위에서 두 점 $A(a_1, a_2)$, $B(b_1, b_2)$에 대하여 두 점이 같다는 것은 대응하는 성분이 서로 같을 때이다. 이와 같은 사실로부터 좌표평면 위의 두 벡터가 같을 때를 쉽게 정의할 수 있다. 즉, 두 점 $A(a_1, a_2)$, $B(b_1, b_2)$에 대하여 두 점의 위치벡터를 각각 $\vec{a}$, $\vec{b}$라고 하면

$$\vec{a} = (a_1, a_2), \vec{b} = (b_1, b_2)$$

이다. 이때 $\vec{a} = \vec{b}$이면 두 점 A, B가 일치하므로 두 벡터 $\vec{a}$, $\vec{b}$의 성분

이 각각 일치한다. 즉, $\vec{a} = \vec{b}$ 일 필요충분조건은 $a_1 = b_1$, $a_2 = b_2$ 일 때이다.

좌표평면에서 두 점 사이의 거리를 구할 때 피타고라스 정리를 이용하는데, 시점이 원점 O이고 종점이 $A(a_1, a_2)$인 벡터의 크기도 피타고라스 정리를 이용하여 구할 수 있다. 즉, $\vec{a} = (a_1, a_2)$일 때, 원점 O와 점 $A(a_1, a_2)$에 대하여 $\vec{a} = \overrightarrow{OA}$이므로 벡터 $\vec{a}$의 크기는 선분 OA의 길이와 같다. 즉,

$$|\vec{a}| = OA = \sqrt{a_1^2 + a_2^2}$$

그런데 시점이 원점이 아닌 벡터의 크기도 이와 같이 피타고라스 정리를 이용하여 구할 수 있다. 다음 그림과 같이 좌표평면 위의 벡터 $\vec{v}$는 시점과 종점이 각각 $P(p_1, p_2)$, $Q(q_1, q_2)$인 벡터라고 하자.

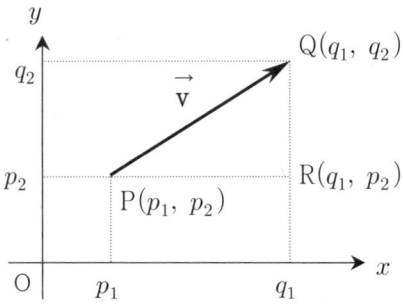

그림에서 알 수 있듯이 벡터 $\vec{v}$의 크기는 직각삼각형 PRQ의 빗변의 길이와 같다. 따라서 직각삼각형에 대한 피타고라스 정리를 이용하면 이 벡터의 크기를 구할 수 있다. 그런데 선분 PR의 길이는 $q_1 - p_1$이고, 선분 QR의 길이는 $q_2 - p_2$이다.

따라서 벡터 $\vec{v}$는 $\vec{v} = (q_1 - p_1, q_2 - p_2)$이고, 선분 PQ의 길이는 다음과 같다.

$$|\vec{v}| = |\overrightarrow{PQ}| = PQ = \sqrt{(q_1 - p_1)^2 + (q_2 - p_2)^2}$$

▶ 벡터의 합, 차, 스칼라 배

벡터를 좌표평면 위에서 생각하면 편리한 점 가운데 하나는 두 벡터의 덧셈, 뺄셈, 스칼라 배를 쉽게 얻을 수 있다는 것이다. 좌표평면 위의 두 점 $A(a_1, a_2)$, $B(b_1, b_2)$에 대하여 두 점의 위치벡터를 각각 $\vec{a}$, $\vec{b}$라고 하면 $\vec{a} = (a_1, a_2)$, $\vec{b} = (b_1, b_2)$이므로 두 벡터의 합, 차, 스칼라 배는 각각 다음과 같이 대응되는 성분끼리 연산을 하면 된다.

(1) 두 벡터의 합

$$\vec{a} + \vec{b} = (a_1, a_2) + (b_1, b_2)$$
$$= (a_1 + b_1,\ a_2 + b_2)$$

(2) 두 벡터의 차

$$\vec{a} - \vec{b} = (a_1, a_2) - (b_1, b_2)$$
$$= (a_1 - b_1,\ a_2 - b_2)$$

(3) 스칼라 배 : 임의의 실수 k에 대하여

$$k\vec{a} = (ka_1, ka_2)$$

좌표공간은 좌표평면에서 z 축을 하나 추가한 것이고, 원점 O를 시점으로 하고 세 점

$$E_1(1, 0, 0),\ E_2(0, 1, 0),\ E_3(0, 0, 1)$$

을 종점으로 하는 세 단위벡터 $\overrightarrow{OE_1}$, $\overrightarrow{OE_2}$, $\overrightarrow{OE_3}$을 각각 e_1, e_2, e_3으로 나타낸다. 그리고 경우에 따라서는 $e_1 = i$, $e_2 = j$, $e_3 = k$로 나타내기도 한다.

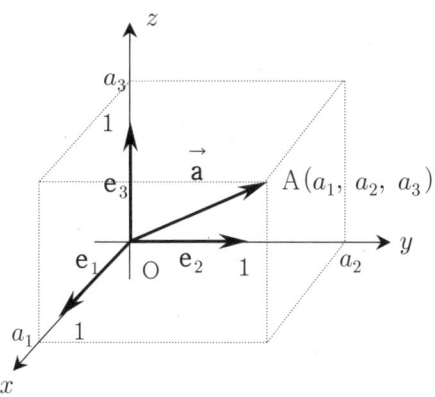

그림과 같이 임의의 벡터 $\vec{a}$에 대하여 $\vec{a} = \overrightarrow{OA}$가 되는 점 A의 좌표를 (a_1, a_2, a_3)이라고 하면 좌표평면에서와 마찬가지로 다음이 성립한다.

$$\vec{a} = a_1 e_1 + a_2 e_2 + a_3 e_3$$

이때 실수 a_1, a_2, a_3을 벡터 $\vec{a}$의 성분이라고 하고 a_1을 x성분, a_2을 y성분, a_3을 z성분이라고 한다.

평면벡터와 마찬가지로 성분으로 나타내어진 공간벡터 $\vec{a} = (a_1, a_2, a_3)$, $\vec{b} = (b_1, b_2, b_3)$의 연산과 크기는 다음과 같다.

(1) 두 벡터의 합

$$\vec{a} + \vec{b} = (a_1, a_2, a_3) + (b_1, b_2, b_3)$$
$$= (a_1 + b_1, a_2 + b_2, a_3 + b_3)$$

(2) 두 벡터의 차

$$\vec{a} - \vec{b} = (a_1, a_2, a_3) - (b_1, b_2, b_3)$$
$$= (a_1 - b_1, a_2 - b_2, a_3 - b_3)$$

(3) 스칼라 배 : 임의의 실수 k에 대하여

$$k\vec{a} = (ka_1, ka_2, ka_3)$$

(4) 벡터 $\vec{a}$의 크기

$$|\vec{a}| = \overline{OA} = \sqrt{a_1^2 + a_2^2 + a_3^2}$$

또 평면벡터와 마찬가지로 두 점

$$A(a_1, a_2, a_3),\ B(b_1, b_2, b_3)$$

에 대하여 벡터 $\overrightarrow{AB}$는

$$\overrightarrow{AB} = (b_1 - a_1, b_2 - a_2, b_3 - a_3)$$

이고 그 크기는 다음과 같다.

$$|\overrightarrow{AB}| = \sqrt{(b_1 - a_1)^2 + (b_2 - a_2)^2 + (b_3 - a_3)^2}$$

지금까지 좌표평면과 좌표공간에서 다룬 벡터는 시점을 원점으로 하고 종점을 한 점으로 하는데, 이런 벡터들은 모두 종점의 위치에 따라 결정된다. 일반적으로 위치벡터는 원점에서 한 점 A를 향하여 선을 그음으로써 생기는 벡터이다. 유클리드 공간에서 한 점 A를 택하면 원점 O를 시점, 점 A를 종점으로 하는 하나의 벡터가 정해지고, 반대로 하나의 벡터가 주어지면 원점에서 이 벡터를 나타내는 화살표를 그을 때 그 종점 A가 정해지는데 이런 벡터가 위치벡터이다. 평면벡터와 공간벡터를 다루면서 두 벡터의 연산 가운데 곱셈은 소개하지 않았다. 사실

벡터의 곱에는 내적과 외적이라는 두 가지가 있다. 그 가운데 두 벡터의 내적은 어떤 작업을 할 때 사용한 일의 양을 구할 때 주로 사용하고, 두 벡터의 외적은 주어진 두 벡터에 동시에 수직인 또 다른 벡터를 구할 때 사용한다. 이와 같은 내적과 외적에 관하여 다음에 자세히 알아보자.

03 벡터의 내적

평면과 공간에서 벡터는 덧셈과 뺄셈을 할 수 있다. 게다가 곱도 할 수 있다. 두 벡터를 곱하는 경우는 두 가지로 나눌 수 있다. 하나는 두 벡터를 곱해서 스칼라가 나오는 경우이고 다른 하나는 다시 벡터가 되는 경우이다. 즉, 벡터의 곱에는 내적과 외적 두 가지가 있는데, 내적은 어떤 작업에서 사용한 일의 양을 구할 때 주로 사용하고, 외적은 주어진 두 벡터에 동시에 수직인 또 다른 벡터를 구할 때 주로 사용한다.

▶ 내적 구하기

벡터는 물리와 밀접한 관련이 있다. 벡터의 많은 문제들은 물리로부터 기인했으며 반대로 벡터가 물리에 영향을 준 경우도 많다. 특히 벡터의 내적은 어떤 물체에 작용한 힘과 이동거리를 이용하여 한 일의 양의 구하는 경우에 사용한다. 즉, 물리에서 일은 다음 식과 같이 힘에 이동거리를 곱하여 얻는다.

$W = F \cdot S$ (W는 일, F는 힘, S는 이동거리)

만일 힘과 이동거리의 방향이 같다면 크기만 곱하면 되지만, 방향이 다르다면 얘기는 달라진다. 수평면의 수레를 수평면에 대해 θ만큼의 각으로 힘 F로 당겨 S만큼 이동을 했다면 실제로 한 일은 이동방향으로 작용한 힘의 크기와 이동거리를 곱하여 다음과 같이 계산된다.

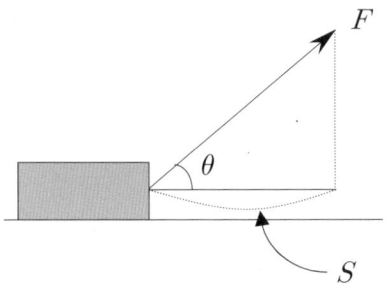

$$W = F \cdot S = |F||S|\cos\theta$$

그런데 이 값을 정확히 구하기 위해서는 $\cos\theta$의 값을 알아야 한다. 물론 θ의 크기를 알면 공학용 계산기를 이용하여 $\cos\theta$의 값을 쉽게 구할 수 있다. 그러나 대부분의 경우 정확한 값이 아닌 근삿값을 얻게 된다. 따라서 정확한 $\cos\theta$의 값을 구하기 위해서는 엄밀한 수학적 계산이 필요하고 이때 벡터의 내적이 이용된다.

그리고 벡터의 내적을 알기 위해서는 두 변의 길이가 주어진 삼각형의 나머지 한 변의 길이를 구하는 방법을 먼저 알아야 한다.

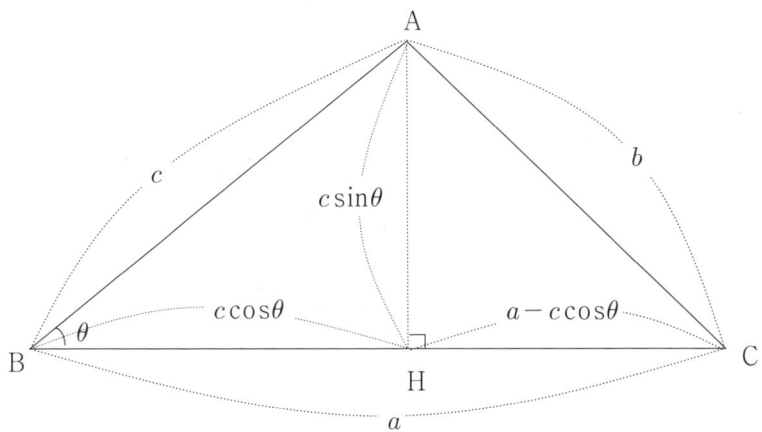

위 그림의 △ABC에서 두 변 AB=c와 BC=a의 길이를 알 때 변 AC=b의 길이를 구하는 방법을 알아보자. 우선 ∠ABC=θ이므로 직각삼각형 ABH에 대하여 삼각비를 이용하면 BH=$c\cos\theta$이고, AH=$c\sin\theta$임을 알 수 있다.

또 BH=$c\cos\theta$이고 BC=a이므로 CH=$a-c\cos\theta$이다. 따라서 직각삼각형 AHC에 대하여 피타고라스 정리를 적용하면 변 AC의 길이 b는 다음과 같이 구할 수 있다.

$$b^2 = (c\sin\theta)^2 + (a-c\cos\theta)^2$$
$$= c^2\sin^2\theta + a^2 - 2ac\cos\theta + c^2\cos^2\theta$$
$$= a^2 + c^2(\sin^2\theta + \cos^2\theta) - 2ac\cos\theta$$
$$= a^2 + c^2 - 2ac\cos\theta$$
$$\therefore \quad b^2 = a^2 + c^2 - 2ac\cos\theta \qquad \cdots\cdots ①$$

이제 벡터를 문자위에 화살표를 삭제하고 간단히 굵은 문자로 나타내자. 그러면 위와 같은 삼각형을 3차원 공간으로 옮겨서 변 AB를 벡터 **x**, 변 BC를 벡터 **y**라 하면, 0 아닌 두 벡터를 **x**$=(x_1, x_2, x_3)$, **y**$=(y_1, y_2, y_3)$와 같이 좌표로 나타낼 수 있다. 이때 두 벡터의 사이의 각을 θ $(0 \leq \theta \leq \pi)$라 하면 변 AC는 벡터 **x** $-$ **y**로 나타낼 수 있다. 그러면 $c=|$**x**$|$, $a=|$**y**$|$, $b=|$**x**$-$**y**$|$이므로 식 ①로부터 다음 식을 얻는다.

$$|\mathbf{x}-\mathbf{y}|^2 = |\mathbf{x}|^2 + |\mathbf{y}|^2 - 2|\mathbf{x}||\mathbf{y}|\cos\theta \qquad \cdots\cdots ②$$

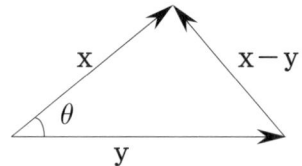

한편, 3차원 공간에서 두 벡터 **x**$=(x_1, x_2, x_3)$, **y**$=(y_1, y_2, y_3)$의 차는

$$\mathbf{x}-\mathbf{y}=(x_1-y_1,\ x_2-y_2,\ x_3-y_3)$$

이므로 다음 식을 얻을 수 있다.

$$\begin{aligned}|\mathbf{x}-\mathbf{y}|^2 &= (x_1-y_1)^2+(x_2-y_2)^2+(x_3-y_3)^2 \\ &= (x_1^2+x_2^2+x_3^2)+(y_1^2+y_2^2+y_3^2) \\ &\quad -2(x_1y_1+x_2y_2+x_3y_3) \\ &= |\mathbf{x}|^2+|\mathbf{y}|^2-2(x_1y_1+x_2y_2+x_3y_3) \qquad \cdots\cdots ③\end{aligned}$$

그리고 식 ②와 ③으로부터 다음 식을 얻는다.

$$\cos\theta = \frac{x_1y_1 + x_2y_2 + x_3y_3}{|\mathbf{x}||\mathbf{y}|}$$

$$= \frac{x_1y_1 + x_2y_2 + x_3y_3}{\sqrt{x_1^2 + x_2^2 + x_3^2}\sqrt{y_1^2 + y_2^2 + y_3^2}} \quad \cdots\cdots ④$$

따라서 식 ④로부터 두 벡터가 주어지면 두 벡터 사이의 코사인 값을 벡터의 성분만을 이용하여 구할 수 있다. 결국 처음에 주어졌던 예인 힘과 이동거리의 곱인 일의 양을 정확하게 얻을 수 있게 된다.

한편, 식 ④에서

$$|\mathbf{x}||\mathbf{y}|\cos\theta = x_1y_1 + x_2y_2 + x_3y_3$$

를 두 벡터 x와 y의 내적(inner product 또는 scalar product)이라 하고 $\mathbf{x}\cdot\mathbf{y}$로 나타낸다. 즉

$$\mathbf{x}\cdot\mathbf{y} = x_1y_1 + x_2y_2 + x_3y_3$$

$$= |\mathbf{x}||\mathbf{y}|\cos\theta$$

위 식으로부터 0 아닌 두 벡터 x와 y에 대하여 벡터의 내적을 이용하여 두 벡터 사이의 각 θ를 구할 수 있다. 즉,

$$\cos\theta = \frac{\mathbf{x}\cdot\mathbf{y}}{|\mathbf{x}||\mathbf{y}|}$$

이므로 $\dfrac{\mathbf{x}\cdot\mathbf{y}}{|\mathbf{x}||\mathbf{y}|} = \dfrac{1}{2}$이면 두 벡터 사이의 각은 $60° = \dfrac{\pi}{3}$이고,

$\dfrac{\mathbf{x}\cdot\mathbf{y}}{|\mathbf{x}||\mathbf{y}|} = \dfrac{\sqrt{2}}{2}$이면 두 벡터 사이의 각은 $45° = \dfrac{\pi}{4}$이고,

$\dfrac{\mathbf{x}\cdot\mathbf{y}}{|\mathbf{x}||\mathbf{y}|} = \dfrac{\sqrt{3}}{2}$이면 두 벡터 사이의 각은 $30° = \dfrac{\pi}{6}$임을 알 수 있다.

특히 $\cos\theta = \dfrac{\mathbf{x}\cdot\mathbf{y}}{|\mathbf{x}||\mathbf{y}|} = 0$이면 두 벡터가 각각 0이 아니므로 $|\mathbf{x}| \neq 0$, $|\mathbf{y}| \neq 0$이기 때문에 $\mathbf{x}\cdot\mathbf{y} = 0$이어야 한다. 그런데 $\cos\theta = 0$인 θ는 $90° = \dfrac{\pi}{2}$인 경우뿐이므로 $\mathbf{x}\cdot\mathbf{y} = 0$일 필요충분조건은 $\theta = \dfrac{\pi}{2}$일 때이다. 즉, 두 벡터가 직교하면 내적은 0이 된다.

$\theta = 0$이거나 $\theta = \pi$이면 두 벡터는 평행하다. 그런데 힘과 이동거리 그리고 한 일을 구할 때, $\theta = 0$이면 힘과 이동거리의 방향이 같기 때문에 힘에 이동거리만 곱하면 한 일의 양을 얻을 수 있다. 반면 $\theta = \pi$이면 힘이 이동거리의 반대로 작용하기 때문에 한 일은 오히려 음이 된다.

영벡터 $\mathbf{0}$은 모든 벡터와 직교하며 또한 평행하다고 할 수 있다. 특히 내적의 정의로부터 $\mathbf{x} = \mathbf{y}$이면

$$\mathbf{x}\cdot\mathbf{x} = x_1^2 + x_2^2 + x_3^2 = |\mathbf{x}|^2$$

이므로 다음이 성립한다.

$$|\mathbf{x}| = \sqrt{\mathbf{x}\cdot\mathbf{x}}$$

▶ 두 벡터 사이의 각 구하기

벡터의 내적을 이용하면 주어진 두 벡터가 얼마나 비슷한 방향으로 진행하고 있는 벡터인지 알 수 있다.

Chapter 2 벡터

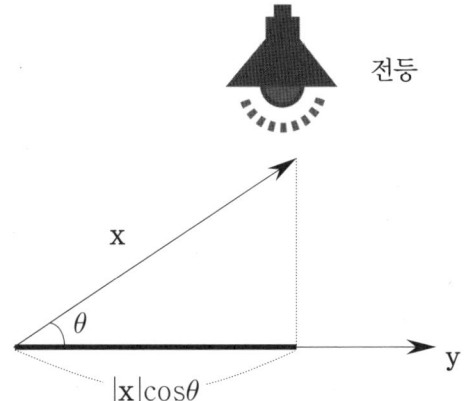

 위의 그림과 같이 두 벡터 위에 전등을 비춰 위에 있는 벡터의 그림자가 아래에 있는 벡터에 생겼을 때 그 그림자의 길이를 생각해 보자. 이때 그림자의 길이가 밑에 있는 벡터 y와 딱 들어맞으며 $\theta = 0$이고, $|y| = |x|$이다. 또 $\theta = 90°$이면 $|x|\cos\theta = 0$이므로 한 벡터는 다른 벡디 위에 그림자를 남기지 않는다. 이런 경우는 두 벡터가 직교할 때뿐이다. 그리고 θ가 $90°$보다 커지면 그림자는 반대방향으로 생길 것이다. 반대방향으로 가장 길게 생길 때가 $\theta = 180°$로 그 길이는 $-|y|$이다. 따라서 두 벡터가 어느 정도로 같은 방향을 향하는지는 $|x|\cos\theta$의 값을 알면 된다.

 두 벡터 x와 y의 내적은

$$\mathbf{x} \cdot \mathbf{y} = |\mathbf{x}||\mathbf{y}|\cos\theta$$

이므로

$$|\mathbf{x}|\cos\theta = \frac{\mathbf{x} \cdot \mathbf{y}}{|\mathbf{y}|}$$

이다. 따라서 두 벡터가 그림으로 주어져 있지 않거나 두 벡터 사이의 각도 모를 경우도 두 벡터가 얼마나 비슷한 방향으로 진행하는지는 벡터의 내적을 이용하면 쉽게 알 수 있다. 더욱이 두 벡터 x와 y의 내적은

$$\mathbf{x} \cdot \mathbf{y} = |\mathbf{x}| \, |\mathbf{y}| \cos\theta$$

이므로 두 벡터 사이의 각 θ를 구할 수 있다. 즉,

$$\cos\theta = \frac{\mathbf{x} \cdot \mathbf{y}}{|\mathbf{x}| \, |\mathbf{y}|}$$

이므로 두 벡터 사이의 각 θ는 다음과 같다.

$$\theta = \cos^{-1}\left(\frac{\mathbf{x} \cdot \mathbf{y}}{|\mathbf{x}| \, |\mathbf{y}|}\right) \text{ (단, } 0 \leq \theta \leq \pi\text{)}$$

앞에서 알아본 것과 같이 벡터를 다루는 공간에서 두 벡터의 내적은 벡터의 길이와 관련된 것이다. 다음에는 두 벡터가 만들어내는 도형의 넓이와 관련이 있는 외적에 관하여 알아보자.

04 벡터의 외적

처음부터 벡터는 물리적 현상과 떼려야 뗄 수 없는 관계이다. 따라서 벡터의 외적도 물리와 매우 밀접한 관계가 있다. 물리에서 나오는 여러 가지 힘 가운데 회전력을 말하는 토크(torque)가 있다. 토크는 간단히 물체를 동작시키려 할 때에 필요로 하는 힘을 표현한 것으로 힘의 모멘트(moment of force)라고도 한다.

토크를 좀 더 간단히 알아보기 위하여 스패너로 볼트를 돌려 푸는 경우나 잠그는 경우를 생각해 보자. 2차원 공간에 그림과 같이 볼트와 그

것을 돌리는 스패너가 있다고 하자. 길이가 r인 스패너로 F만큼의 힘을 사용하여 볼트를 풀 때 볼트에 작용하는 토크(회전력)은 얼마일까? 만일 힘은 일정하고 스패너의 길이가 길거나 스패너의 길이가 일정하고 힘이 세다면 볼트는 처음보다는 더 잘 풀릴 것이다. 이와 같은 상황을 수학적으로 나타낼 수 있는 것이 벡터의 외적이다. 즉, 아래 그림에서 볼트가 받는 토크는 $\vec{\tau} = \vec{r} \times \vec{F}$이다.

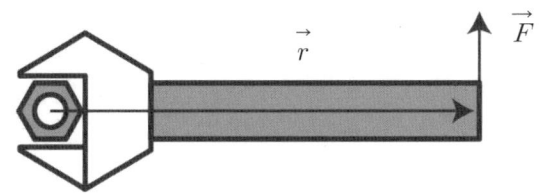

즉, 어떠한 회전축에 대한 토크는 회전축에 수직인 면에 대한 힘의 성분과 축으로부터 이 힘의 성분방향에 이르는 가장 가까운 거리의 곱으로 나타낸다. 힘 벡터는 공간에서의 방향에 관계없이 항상 축에 평행인 평면 내에 놓을 수 있다.

2차원에서 토크를 정의할 때 축은 위의 그림에서와 같이 볼트의 중심점을 원점으로 잡으면 된다. 하지만 3차원에서는 약간 다르다. 물론 물체의 회전방향은 오른쪽과 왼쪽인 1차원이지만 그 물체가 놓인 공간이 3차원이라서 회전축을 기술해 주여야 한다. 그래야 어떤 회전력이 주어졌다고 할 때 우리는 어떤 축 방향으로 어떤 크기의 회전력이 작용하고 있다고 설명할 수 있기 때문이다. 이를테면 공간에서 평면의 방정식을 찾기 위하여 법선벡터가 필요한 것과 같은 이유라고 할 수 있다. 이와 같은 토크의 방향은 두 벡터가 이루는 평면에 수직인 방향으로 정해진

다. 이때 반시계방향으로 돌면 토크를 지면에서 나오는 방향으로 정의하고 시계방향이면 지면으로 들어가는 방향으로 정의한다.

▶▶ 외적 구하기

기하학, 물리학, 공학 등에서 벡터를 응용할 때 앞에서 예를 든 것과 같이 R^3의 주어진 두 벡터에 동시에 수직인 벡터를 구하여야할 때가 있다. 이때 구하고자 하는 벡터가 바로 두 벡터의 외적으로 R^3에서만 정의된다. 일반적으로 R^3의 두 벡터

$$\mathbf{x}=(x_1, x_2, x_3), \quad \mathbf{y}=(y_1, y_2, y_3)$$

에 대하여 x, y의 외적(cross product)을 $\mathbf{x} \times \mathbf{y}$로 나타내며 다음과 같이 정의한다.

$$\mathbf{x} \times \mathbf{y} = (x_2 y_3 - x_3 y_2)\mathbf{i} + (x_3 y_1 - x_1 y_3)\mathbf{j} + (x_1 y_2 - x_2 y_1)\mathbf{k}$$

두 벡터 x, y의 외적을 구할 때

$$\mathbf{i}=(1,0,0), \quad \mathbf{j}=(0,1,0), \quad \mathbf{k}=(0,0,1)$$

을 실수와 같이 생각하여 다음과 같은 행렬식을 이용하면 편리하게 구할 수 있다.

$$\begin{aligned}\mathbf{x} \times \mathbf{y} &= (x_2 y_3 - x_3 y_2)\mathbf{i} + (x_3 y_1 - x_1 y_3)\mathbf{j} + (x_1 y_2 - x_2 y_1)\mathbf{k} \\ &= \begin{vmatrix} x_2 & x_3 \\ y_2 & y_3 \end{vmatrix} \mathbf{i} - \begin{vmatrix} x_1 & x_3 \\ y_1 & y_3 \end{vmatrix} \mathbf{j} + \begin{vmatrix} x_1 & x_2 \\ y_1 & y_2 \end{vmatrix} \mathbf{k} \\ &= \begin{vmatrix} \mathbf{i} & \mathbf{j} & \mathbf{k} \\ x_1 & x_2 & x_3 \\ y_1 & y_2 & y_3 \end{vmatrix}\end{aligned}$$

외적은 행렬을 이용하여 나타낼 수 있기 때문에 외적의 성질은 행렬

의 성질과 매우 유사하다. 이를 테면 두 벡터의 내적은 교환법칙이 성립하지만 외적은 교환법칙이 성립하지 않고

$$\mathbf{x} \times \mathbf{y} = -\mathbf{y} \times \mathbf{x}$$

가 된다. 그 이유는 행렬식을 구할 때 임의의 두 행이나 열을 교환하면 부호가 바뀌기 때문이다.

$$\mathbf{x} \cdot (\mathbf{x} \times \mathbf{y}) = x_1(x_2y_3 - x_3y_2) \\ + x_2(x_2y_1 - x_1y_3) + x_3(x_1y_2 - x_2y_1) = 0$$

이므로 벡터 x와 x×y는 수직이다. 마찬가지로 다음이 성립한다.

$$\mathbf{y} \cdot (\mathbf{x} \times \mathbf{y}) = 0$$

내적과 외적 사이에 성립하는 관계에 관한 이런 사실로부터 x×y는 두 벡터 x와 y 에 동시에 수직임을 알 수 있다. 따라서 x와 y 가 평행이 아니면 x×y는 이 두 벡터가 결정하는 평면에 수직인 벡터이다. 이때 벡터 x×y의 방향은 오른손법칙(right hand rule)에 의하여 구할 수 있다. x와 y 가 이루는 각을 θ 라 하고, x를 θ 만큼 회전시켜서 y 에 포갤 수 있다고 하자. 이 경우 x에서 y 로 향해 오른쪽 손을 꽉 쥐면 그 엄지손가락의 방향이 x×y의 방향이라고 생각하면 된다.

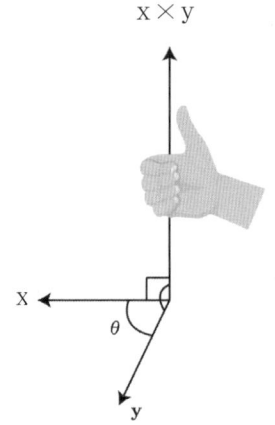

또한, 두 벡터의 외적의 크기를 구할 수 있다. 즉,

$$|\mathbf{x} \times \mathbf{y}|^2 = |\mathbf{x}|^2|\mathbf{y}|^2 - (\mathbf{x} \cdot \mathbf{y})^2$$

$$= |\mathbf{x}|^2|\mathbf{y}|^2 - |\mathbf{x}|^2|\mathbf{y}|^2\cos^2\theta$$

$$= |\mathbf{x}|^2|\mathbf{y}|^2(1 - \cos^2\theta)$$

$$= |\mathbf{x}|^2|\mathbf{y}|^2\sin^2\theta$$

따라서

$$|\mathbf{x} \times \mathbf{y}| = |\mathbf{x}||\mathbf{y}|\sin\theta$$

이므로 벡터 $\mathbf{x} \times \mathbf{y}$의 크기는 $\mathbf{x}$와 $\mathbf{y}$가 만드는 평행사변형의 넓이와 같다.

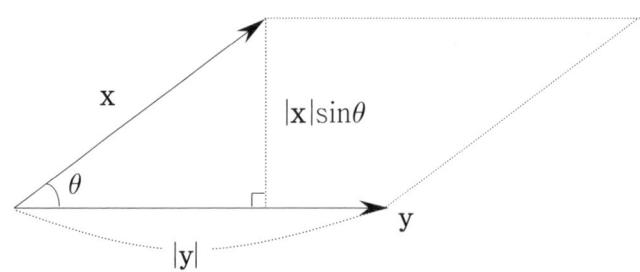

▶ 내적과 외적의 차이

여기서 잠깐 내적과 외적을 비교해 보자. 다음 그림과 같이 두 벡터 x와 y가 이루는 각을 θ 라 하자. 그러면 두 벡터의 내적은

$$\mathbf{x} \cdot \mathbf{y} = |\mathbf{x}||\mathbf{y}|\cos\theta$$

이고 외적의 크기는

$$|\mathbf{x} \times \mathbf{y}| = |\mathbf{x}||\mathbf{y}|\sin\theta$$

이므로 내적과 외적의 크기는 결국 두 벡터의 크기에 $\sin\theta$를 곱하느냐 $\cos\theta$를 곱하느냐의 차이이다.

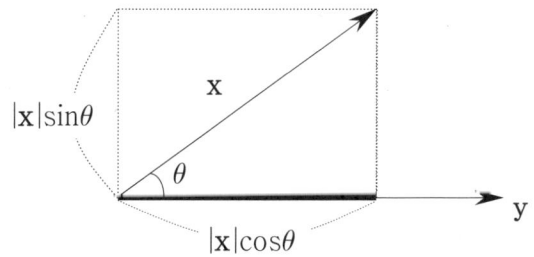

즉, 벡터 x에 $\cos\theta$을 곱해 벡터 y와 같은 쪽(안쪽)으로 위치시키면 내적이라고 하고, 벡터 x에 $\sin\theta$을 곱해 벡터 y와 다른 쪽(바깥쪽)으로 위치시키면 외적이라고 한다. 물론 이것은 연산결과의 크기만을 반영할 뿐이고, 내적의 결과는 스칼라, 외적의 결과는 벡터라는 큰 차이점이 있다.

▶ 외적의 활용

외적을 활용하면 많은 문제를 해결할 수 있다. 앞에서 소개한 것과 같이 공간에서 세 개의 꼭짓점이 주어진 삼각형이나 평행사변형의 넓이를 쉽게 구할 수 있다.

원리와 개념을 잡아주는 수학법칙

예를 들어 세 점 $P(2,2,0)$, $Q(-1,0,2)$, $R(0,4,3)$ 을 꼭짓점으로 하는 삼각형의 넓이를 구하여 보자. 세 점을 꼭짓점으로 갖는 삼각형의 넓이 S는 벡터 $\overrightarrow{PQ}$, $\overrightarrow{PR}$ 가 만드는 평행사변형의 넓이의 반이다.

그런데

$$\overrightarrow{PQ} = (-3, -2, 2), \quad \overrightarrow{PR} = (-2, 2, 3)$$

이므로

$$\overrightarrow{PQ} \times \overrightarrow{PR} = (-10, 5, -10)$$

이다. 따라서 삼각형의 넓이 S는 다음과 같다.

$$S = \frac{1}{2} |\overrightarrow{PQ} \times \overrightarrow{PR}| = \frac{15}{2}$$

외적을 활용하면 공간에서 네 개의 꼭짓점이 주어진 평행육면체의 부피도 구할 수 있다. 그러기 위해 먼저 스칼라 삼중적(scalar triple product)을 알아야 한다. R^3 의 세 벡터

$$\mathbf{x} = (x_1, x_2, x_3), \quad \mathbf{y} = (y_1, y_2, y_3), \quad \mathbf{z} = (z_1, z_2, z_3)$$

에 대하여

$$\mathbf{x} \cdot (\mathbf{y} \times \mathbf{z})$$

를 x, y 와 z 의 스칼라 삼중적이라 한다.

세 벡터

$$\mathbf{x} = (x_1, x_2, x_3), \quad \mathbf{y} = (y_1, y_2, y_3), \quad \mathbf{z} = (z_1, z_2, z_3)$$

의 스칼라 삼중적은 벡터의 외적의 정의에 의하여 다음과 같이 쉽게 구할 수 있다.

$$\mathbf{x} \cdot (\mathbf{y} \times \mathbf{z}) = (x_1, x_2, x_3) \cdot \left(\begin{vmatrix} y_2 & y_3 \\ z_2 & z_3 \end{vmatrix}, \begin{vmatrix} y_1 & y_3 \\ z_1 & z_3 \end{vmatrix}, \begin{vmatrix} y_1 & y_2 \\ z_1 & z_2 \end{vmatrix} \right)$$

$$= \begin{vmatrix} x_1 & x_2 & x_3 \\ y_1 & y_2 & y_3 \\ z_1 & z_2 & z_3 \end{vmatrix}$$

벡터의 외적의 성질로부터 행렬 $A = \begin{bmatrix} a_1 & a_2 \\ b_1 & b_2 \end{bmatrix}$ 의 행렬식 $|A|$ 의 절댓값은 R^2 에서 두 벡터

$$\mathbf{x} = (a_1, a_2), \ \mathbf{y} = (b_1, b_2)$$

가 이루는 평행사변형의 넓이와 같음을 알 수 있다. 벡터의 차원을 피하기 위하여 $\mathbf{x}, \mathbf{y}$ 를 R^3 의 벡터라 하면 $\mathbf{x} = (a_1, a_2, 0), \ \mathbf{y} = (b_1, b_2, 0)$ 과 같이 쓸 수 있고, 두 벡터의 외적은

$$\mathbf{x} \times \mathbf{y} = \begin{vmatrix} \mathbf{i} & \mathbf{j} & \mathbf{k} \\ a_1 & a_2 & 0 \\ b_1 & b_2 & 0 \end{vmatrix} = \begin{vmatrix} a_1 & a_2 \\ b_1 & b_2 \end{vmatrix} \mathbf{k}$$

이므로

$$|\mathbf{x} \times \mathbf{y}| = \left| \det \begin{bmatrix} a_1 & a_2 \\ b_1 & b_2 \end{bmatrix} \right|.$$

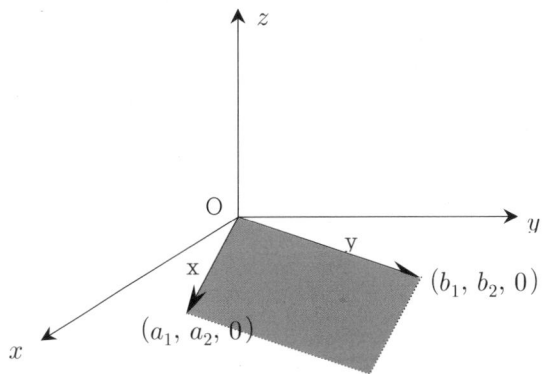

이와 같은 사실을 3차원 공간 R^3 으로 확장하여 생각하면 세 벡터
$$\mathbf{x} = (x_1, x_2, x_3), \mathbf{y} = (y_1, y_2, y_3), \mathbf{z} = (z_1, z_2, z_3)$$
가 만드는 평행육면체의 부피는 세 벡터의 삼중적의 절댓값과 같다는 사실을 알 수 있다. 즉, 다음 그림에서와 같이 x, y와 z가 만드는 평행육면체의 밑면을 x와 y가 만드는 평행사변형이라 하자. 그러면 밑면의 넓이는 $|\mathbf{x} \times \mathbf{y}|$ 이고, 그림에서 보듯이 z와 $\mathbf{x} \times \mathbf{y}$ 사이의 각을 θ 라 하면 $\mathbf{x} \times \mathbf{y}$ 는 밑면에 수직이므로 평행육면체의 높이는 $h = |\mathbf{z}||\cos\theta|$ 이다. 따라서 부피 V 는 다음과 같다.

$$V = |\mathbf{x} \times \mathbf{y}||\mathbf{z}||\cos\theta| = |(\mathbf{x} \times \mathbf{y}) \cdot \mathbf{z}| = \left| \det \begin{bmatrix} z_1 & z_2 & z_3 \\ x_1 & x_2 & x_3 \\ y_1 & y_2 & y_3 \end{bmatrix} \right|$$

따라서 평행육면체의 부피는 세 벡터의 삼중적의 절댓값과 같다.

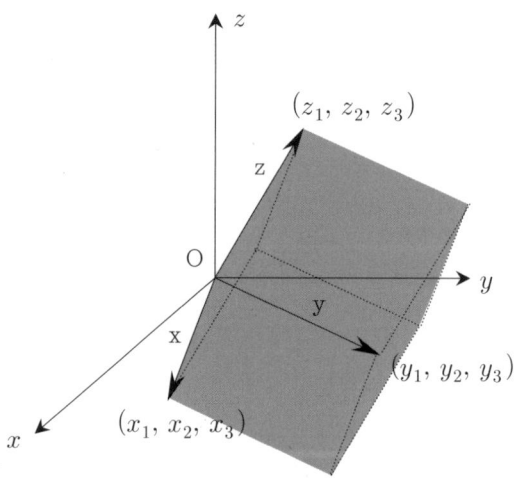

외적을 이용한 평행육면체의 부피를 구하는 방법에서 우리는 2×2 행렬과 3×3 행렬의 행렬식의 기하학적 해석을 알 수 있다. 우리가 처

음으로 행렬을 접할 때 단순히 수를 늘어놓은 것을 행렬로 하고 그 대각선을 곱하여 뺀 것을 행렬식을 알고 있었다. 그리고 그 값은 단순히 행렬의 역행렬만을 구할 때 사용했었다. 하지만 벡터를 활용한 결과 행렬식에 숨어 있는 기하학적 의미를 알 수 있게 되었다. 결국 행렬식과 벡터는 전혀 관련이 없을 것 같았지만 알고 보니 서로 보완해 주는 관계임을 알 수 있다. 이와 같이 수학은 서로 전혀 무관해 보이는 것들도 어디에선가는 서로 도움을 주고 있는 오묘한 학문이다.

참고문헌

1. 이광연, 신항균, 김진수, 선형대수학, 경문사, 2004.
2. 이광연, 오늘의 수학, 동아시아, 2011.
3. Serge Lang, Linear Algebra, Addison-Wesley Pub. Com., 1984.

Chapter 3

피타고라스

원리와 개념을 잡아주는 수학법칙

원리와 개념을 잡아주는 수학법칙

01 피타고라스 정리

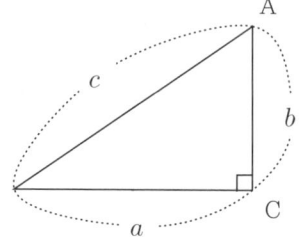

직각삼각형에 관한 피타고라스 정리는 초등기하학에서 가장 아름다운 정리이자 가장 유용한 정리이기도 하다. 오른쪽 그림과 같은 직각삼각형의 세 변의 길이 사이에 $a^2 + b^2 = c^2$인 관계가 성립한다는 것이 피타고라스 정리로 이것에 대한 확실한 논리적인 증명을 처음으로 제시한 사람이 피타고라스라고 알려져 있다. 그런데 피타고라스보다 약 1200년 전에 살았던 고대인들이 이 정리의 내용을 알고 있었다는 확실한 증거가 있다.

▶ 고대의 피타고라스 정리

1)

2)

---

1) 사진출처 : https://brunch.co.kr/@telle100/9
2) 사진출처 : https://smart.science.go.kr/scienceSubject/maths/view.action?menuCd=
   DOM_000000101001006000&subject_sid=285

위의 왼쪽 그림은 고대 바빌로니아 점토판 YBC7289이고, 오른쪽은 왼쪽 그림을 잘 알아볼 수 있도록 손으로 그린 것이다. 메소포타미아에서 발굴된 쐐기문자로 작성된 점토판인 YBC7289에 대한 연구로부터 바빌로니아인들은 이미 이 정리를 알고 있었음을 알 수 있다. 이 점토판의 품목번호 YBC7289(Yale Babylonian Collection)는 예일대학교 박물관의 바빌로니아 소장품이라는 뜻이다.

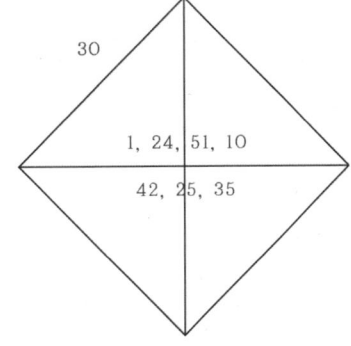

고대 바빌로니아인들은 60진법을 사용했기 때문에 위의 점토판을 이해하기 위해서는 거기에 있는 쐐기문자들을 우리가 사용하고 있는 인도-아라비아 숫자로 나타내는 것이 필요하다. 오른쪽 그림은 YBC7289에 있는 쐐기문자를 인도-아라비아 숫자로 바꾸어 표현한 것으로, 다음과 같은 세 수를 볼 수 있다.

$a = 30$, $b = 1,24,51,10$, $c = 42,25,35$

이제 이 점토판에 있는 숫자들을 해석해 보자.

먼저 이들이 60진법을 사용했고, 60진법에서 30을 곱하는 것은 2로 나누는 것과 같으므로 적절한 위치에 세미콜론을 찍는다면 $c = a \cdot b$ 임을 계산할 수 있다. 만약 a 가 그림에서 주어진 것처럼 정사각형의 한 변을 의미하고 c 는 대각선을 의미한다면, 피타고라스 정리에 의하여 $c^2 = 2a^2$, 즉 $c = a\sqrt{2}$ 이므로 b 는 $\sqrt{2}$ 의 근삿값 1;24,51,10이 된다. 실제로 60진법의 계산에 의하여

$$1;24,51,10 = 1 + \frac{24}{60} + \frac{51}{60^2} + \frac{10}{60^3}$$

$$\approx 1 + 0.4 + 0.01417 + 0.0000463$$

$$= 1.4142163$$

이고, 이 값은 $\sqrt{2}$ 의 근삿값이기 때문이다. 따라서 이 점토판에서 알 수 있는 것은 한 변의 길이가 $a = 30$ 인 정사각형의 대각선은 $c = 42;25,35$ 이고, 이것은 또한 $\sqrt{2}$ 의 근삿값을 제시하고 있다.

따라서 정사각형 하나와 숫자 3개가 있을 뿐인 이 단순한 점토판이 고대 바빌로니아에서 정사각형의 대각선의 길이는 정사각형의 한 변에 $\sqrt{2}$ 를 곱한 것과 같음을 알고 있었다는 증거이다. 또 다른 점토판과 고대의 자료들로부터 바빌로니아인들이 이 정리를 일반적으로 널리 사용했음을 알 수 있다. 바빌로니아인들이 $\sqrt{2}$ 의 근삿값을 알고 있었기는 하지만, 불행하게도 이 정리에 관한 증명은 어디에서도 찾아볼 수 없다.

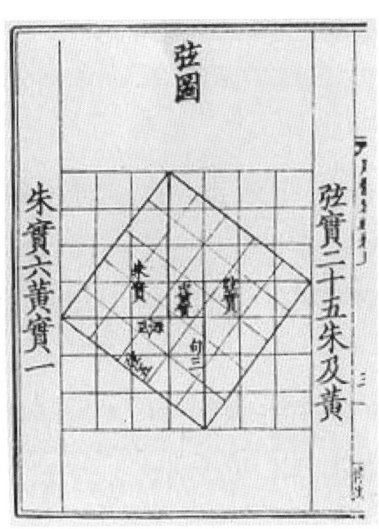

〈주비산경〉에 수록되어 있는 피타고라스 정리에 관한 도해[3]

고대 인도와 중국의 문헌에도 피타고라스 정리가 소개되어 있으며, 피타고라스 정리를 활용했다는 내용은 쉽게 찾을 수 있다. 특히 중국의 수학책인 <주비산경>에서는 이 정리가 '구고현의 정리'라는 이름으로 소개되고 있는데, 이 책에 수록된 구고현의 정리는 어떤 수식이나 기하학적 도해 없이 단 한 장의 그림으로 정리의 내용과 증명을 동시에 나타냈다. 그래서 파국이론의 창시자인 영국의 수학자 지이만(Zeemann)은 구고현의 정리를 '세상에서 가장 아름답고 완벽한 증명'이라고 하였다. <주비산경> 제1편에는 위의 그림과 함께 '구를 3, 고를 4라고 할 때 현은 5가 된다.'는 글이 있다. 중국에서는 구고현의 정리를 3000여 년 전에 '진자'

---

[3] 사진출처 : https://www.kookje.co.kr/news2011/asp/news_print.asp?code=2508&key=20080103.22024195101

라는 사람이 발견했다고 하여 '진자의 정리'라고도 부르는데, 이는 피타고라스가 이 정리를 증명한 것보다 약 500년 이상 앞선 것이다.

피타고라스 정리는 피타고라스 이전에 이미 발견되었으며 역사에 기록된 증명법은 유클리드가 한 것이라는 견해가 있는데, 피타고라스에 관한 기록이 남아있지 않아 확실한 것은 알 수 없다. 그런데 만일 피타고라스가 이 정리와 증명을 발견했다면 이러했을 것이라 상상한 설이 있는데, 다음과 같은 두 가지가 있다.

(1) **사각수로부터 얻었다는 설** : 1에서 홀수를 차례로 더하면 그 결과는 어떤 수의 제곱이 된다. 즉

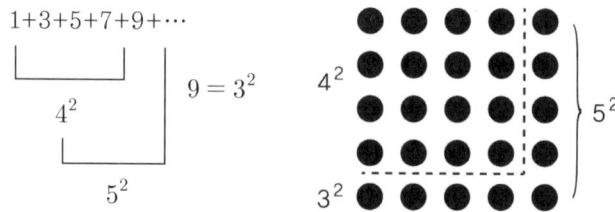

이 성질이 발견되고, 3, 4, 5뿐만 아니라 5, 12, 13 그리고 7, 24, 25와 같은 경우에도 성립하는 것을 알게 되었을 것이라고 하는 설이다. 이 설은 어느 정도 일반성을 갖고 있지만, 직각삼각형의 변의 길이가 정수이고 빗변과 그 다음으로 긴 변의 길이와의 차가 1인 특수한 경우에 한한 것이었다.

(2) **타일로부터 얻었다는 설** : 그 당시에 평면을 정다각형으로 깔려는 문제가 연구되고 있었다. 오른쪽 그림에서 굵은 선으로 나타낸 부분을 보면 직각이등변삼각형에서는 피타고라스 정리가 성립하고 있음을 알 수 있다. 이것으로부터 일반화한 것이 아닌가 하는 설이다. 그러나 직각

이등변삼각형의 변의 길이의 비는 $1:1:\sqrt{2}$이 되어 무리수가 나오므로 이 설로부터 일반적인 경우를 얻었다는 것은 석연치 못하다. 오히려 정리를 발견하고 나서 이 정리를 직각이등변삼각형에 적용시켜 보고 무리수가 나와 곤란해졌을 것이라고 생각하는 것이 자연스럽다.

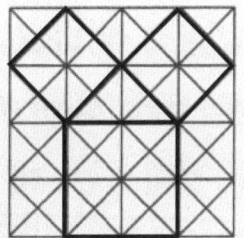

어쨌든 고대 작가인 플루타르크(Plutarchos)에 의하면 이 정리를 발견한 피타고라스는 매우 기뻐했고, 이 영광을 신에게 돌리기 위하여 소 100마리를 잡아 제물로 바쳤다고 전하고 있다. 논리학자인 아폴로도로스(Apollodorus)도 같은 주장을 하며, 다음과 같은 시를 남겼다.

사모스의 위대한 현인이 그의 고귀한 문제를 발견했을 때
100마리 황소들의 생혈이 땅을 적시었네.

그러나 당시 피타고라스는 영혼의 불멸과 윤회를 주장하고 있었으며 살육을 금지했고, 무혈제단을 권장했었기 때문에 신에게 바친 소는 진짜가 아닌 밀가루로 만든 소였다는 주장이 더 설득력이 있다.

▶ 피타고라스 정리 증명하기

오늘날 피타고라스 정리에 관한 증명은 약 400여 가지에 이르고 있으며, 이것에 흥미를 갖고 있는 사람들은 계속해서 새로운 증명법을 찾고 있다. 특히 루미스(Elisha S. Loomis)는 20세기 초에 피타고라스 정리의

증명방법만을 모은 <The Pythagorean Proposition>을 발간했는데, 이 책에는 무려 367가지의 증명방법이 수록되어 있다. 피타고라스 정리에 관한 증명방법은 일반인들에게 많이 알려져 있다. 그래서 여기에서는 피타고라스 정리의 증명방법 가운데 쉽게 접하기 힘든 미적분을 이용한 방법을 알아보자.

미적분을 이용하는 방법은 면적을 이용하는 것이 아니라 길이를 이용한다.

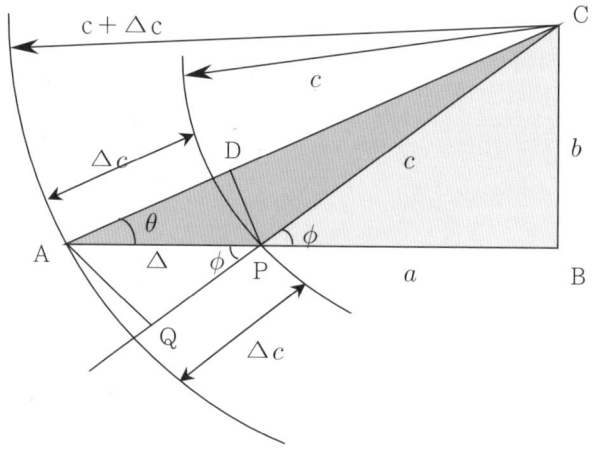

위의 그림에서 삼각형 PBC는 원래의 직각삼각형이고 삼각형 ABC는 삼각형 PBC의 변 BP를 Δa만큼 연장하여 밑변의 길이가 $a + \Delta a$가 되도록 한 직각삼각형이다. 반지름이 CP= c와 AC= $c + \Delta c$인 호를 그리자.

직각삼각형 ABC에서

$$\cos\theta = \frac{AB}{AC} = \frac{a + \Delta a}{c + \Delta c} \quad \cdots\cdots ①$$

Chapter 3 피타고라스

선분 AD의 길이는 $\triangle c$보다 길므로 직각삼각형 ADP로부터

$$\cos\theta = \frac{\text{AD}}{\text{AP}} = \frac{\text{AD}}{\triangle a} > \frac{\triangle c}{\triangle a} \qquad \cdots\cdots ②$$

따라서 ①과 ②로부터 다음이 성립한다.

$$\frac{\triangle c}{\triangle a} < \frac{a + \triangle a}{c + \triangle c} \qquad \cdots\cdots ③$$

한편 선분 PQ의 길이는 $\triangle c$보다 짧으므로 직각삼각형 AQP와 직각삼각형 PBC로부터

$$\cos\phi = \frac{a}{c} = \frac{\text{PQ}}{\text{PA}} = \frac{\text{PQ}}{\triangle a} < \frac{\triangle c}{\triangle a} \qquad \cdots\cdots ④$$

따라서 ③과 ④로부터 다음 식을 얻는다.

$$\frac{a}{c} < \frac{\triangle c}{\triangle a} < \frac{a + \triangle a}{c + \triangle c} = \left(\frac{a}{c}\right) \frac{1 + \dfrac{\triangle a}{a}}{1 + \dfrac{\triangle c}{c}} \qquad \cdots\cdots ⑤$$

식 ⑤는 $\dfrac{\triangle c}{\triangle a}$의 상계(upper bound)와 하계(lower bound)이다. 이 식에서 $\triangle a \to 0$이고 $\triangle c \to 0$이면 미분의 정의에 의하여 $\lim\limits_{\triangle a \to 0} \dfrac{\triangle c}{\triangle a} = \dfrac{dc}{da}$ 이다. 또 $\lim\limits_{\triangle a \to 0} \dfrac{\triangle a}{a} = 0$이고 $\lim\limits_{\triangle c \to 0} \dfrac{\triangle c}{c} = 0$이다. $\dfrac{\triangle c}{\triangle a}$의 상계와 하계는 모두 $\dfrac{a}{c}$이므로 결국 다음이 성립한다.

$$\frac{dc}{da} = \frac{a}{c} \qquad \cdots\cdots ⑥$$

그런데 식 ⑥은 다음과 같이 나타낼 수 있다.

$$c\,dc = a\,da \;;\; d(c^2) = d(a^2)$$

이것은 다음과 같은 부정적분이다.

$$c^2 = a^2 + (적분상수) \qquad \cdots\cdots ⑦$$

식 ⑦에서 $a=0$이면 $c=b$이므로 (적분상수)=b^2이어야 한다. 그러므로 다음과 같은 피타고라스 정리가 성립한다.

$$c^2 = a^2 + b^2 \qquad \text{Q.E.D.}$$

이렇게 복잡하게 증명할 수도 있는 피타고라스 정리로부터 삼각함수의 성질을 얻을 수 있다. 다음 그림과 같은 직각삼각형 ABC에서 $\sin\theta = \dfrac{a}{c}$이고 $\cos\theta = \dfrac{b}{c}$이다. 그러면 다음과 같은 식을 얻는다.

$$\sin^2\theta + \cos^2\theta = \left(\dfrac{a}{c}\right)^2 + \left(\dfrac{b}{c}\right)^2 = \dfrac{a^2+b^2}{c^2} = 1$$

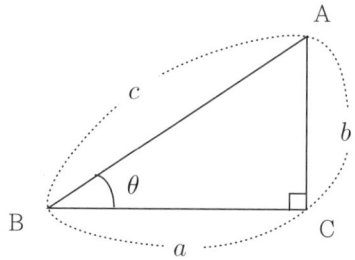

02 피타고라스 정리 활용하기-원

피타고라스 정리를 증명하는 방법은 400가지 이상이라고 알려져 있고, 피타고라스 정리를 활용하여 해결할 수 있는 문제는 무궁무진하다. 그래서 현재까지 발견된 증명방법은 책으로도 엮어져서 출판되었지만 이 정리를 활용하는 경우는 여기저기에서 찾아야만 한다. 그리고 이 정리가 활용되는 원에 관한 예를 여기서도 제시하려고 한다.

▶ 원과 피타고라스 정리

반지름의 길이가 모두 같은 7개의 원을 이용하면 다음 그림과 같이 한 원을 나머지 6개의 원으로 둘러쌀 수 있다.

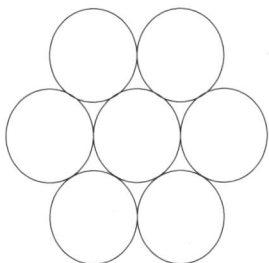

일반적으로 반지름의 길이가 s인 n개의 원으로 반지름의 길이가 r인 한 원을 둘러싸려면 $\sin\dfrac{\pi}{n} = \dfrac{s}{r+s}$ 가 성립해야 한다.

이때

$$r = s \cdot \csc\dfrac{\pi}{n} - s = s\left(\csc\dfrac{\pi}{n} - 1\right)$$

임을 다음 그림으로부터 쉽게 할 수 있다.

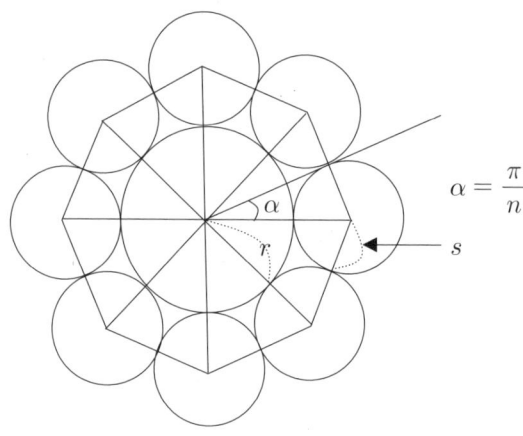

그렇다면 한 원을 둘러싸는 원들의 반지름의 길이가 모두 다를 때 가운데에 있는 원의 반지름은 어떻게 구할까? 즉, 가운데에 있는 한 원 C^*을 반지름의 길이가 다른 n개의 원 $C_1, C_2, \cdots, C_n$으로 둘러쌀 때를 생각하자. 일반적으로 n개의 원을 한 원에 접하도록 둘러싸는 방법은 염주순열이므로 $\dfrac{(n-1)!}{2}$가지이다. 그런데 이런 모든 경우를 생각하는 것은 쉽지 않으므로 피타고라스 정리를 이용하여 반지름의 길이를 구할 수 있는 $n=3$과 $n=4$의 경우에 대하여만 알아보자.

$n=3$일 때 반지름의 길이가 각각 a, b, c인 세 원 C_1, C_2, C_3가 가운데에 있는 한 원 C^*에 접하는 경우는 다음 그림과 같은 한 가지 뿐이다. 이때 C^*의 반지름의 길이 r은 다음과 같다는 것은 잘 알려져 있다.[4]

---

4) 'Philip Beecroft, Properties of circles in mutual contact. Lady's and Gentleman's Diary, pp. 91-96, 1842.'를 참고하기 바란다.

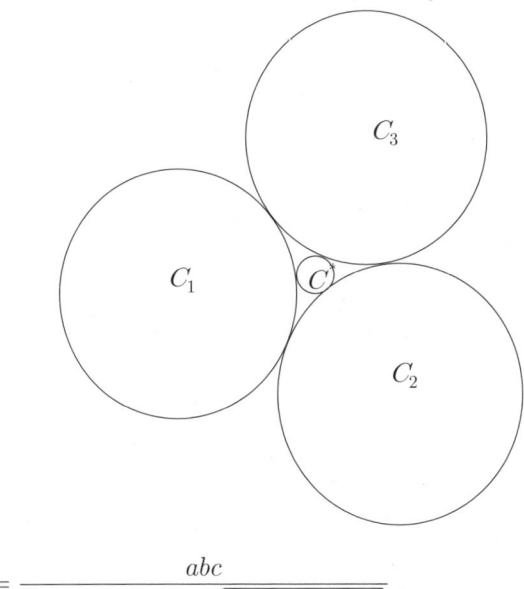

$$r = \frac{abc}{ab+bc+ca+2\sqrt{abc(a+b+c)}}$$

일반적인 해법이 있지만 여기서 우리는 피타고라스 정리를 활용하여 가운데 반지름의 길이를 구하는 경우만 알아보자. 그래서 다음 그림과 같이 $n=3$일 때 반지름의 길이가 a인 두 원과 반지름의 길이가 b인 한 원으로 둘러싸인 가운데 원의 반지름의 길이 r을 구해보자.

원리와 개념을 잡아주는 수학법칙

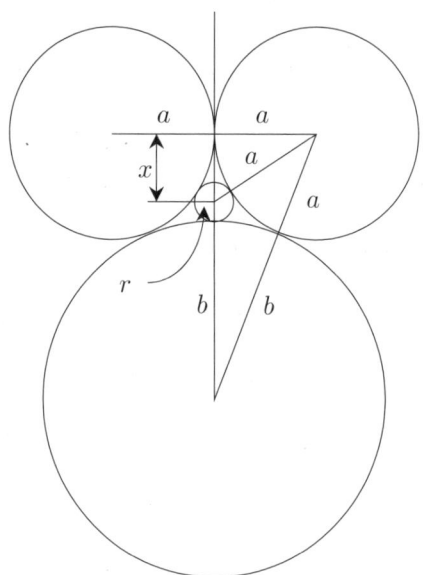

위 그림으로부터 피타고라스 정리를 활용하면 다음 식을 얻을 수 있다.

$$(a+r)^2 = a^2 + x^2, \quad (a+b)^2 = a^2 + (x+r+b)^2$$

이 식을 정리하면 다음 식을 얻는다.

$$x = \sqrt{2ar+r^2}, \quad x+r+b = \sqrt{2ab+b^2}$$

따라서 다음을 얻는다.

$$r+b = \sqrt{2ab+b^2} - \sqrt{2ar+r^2}$$
$$\Rightarrow r^2 + 2rb + b^2 = (2ab+b^2) + (2ar+r^2)$$
$$\quad - 2\sqrt{(2ab+b^2)(2ar+r^2)}$$
$$\Rightarrow (ab+ar-rb)^2 = (2ab+b^2)(2ar+r^2)$$
$$\Rightarrow a^2b^2 + a^2r^2 = 2a^2br + 4abr^2 + 4ab^2r$$
$$\Rightarrow (a^2-4ab)r^2 - (2a^2b+4ab^2)r + a^2b^2 = 0 \quad \cdots\cdots ①$$

따라서 식①로부터 다음과 같이 r을 구할 수 있다.

$$r = \frac{b(a+2b) - 2b\sqrt{b^2+2ab}}{a-4b} \qquad \cdots\cdots ②$$

식②로부터 $a \neq 4b$ 이다. 또 원의 반지름의 길이를 (r, a, b) 라 하면 $(1, 2, 24)$, $(1, 3, 12)$, $(5, 7, 420)$, $(6, 14, 105)$ 등이 주어진 조건을 만족하는 경우이다. 보다 일반적으로 다음과 같은 세 가지가 성립한다.

(i) $r = n$, $a = n+1$, $b = 4n(n+1)(2n+1)$

(ii) $r = n$, $a = n+2$, $b = 2n(n+1)(n+2)$

(iii) $r = 2n$, $a = 2n+8$, $b = n(n+2)(n+4)$

$n = 4$ 이면 다음 그림과 같이 3가지의 서로 다른 경우가 있다. 그런데 3가지 모두의 경우에 가운데 원의 반지름을 구하는 것은 쉬운 문제가 아니다. 그래서 조건을 좀 더 강화하여 $n = 4$ 이면서 반지름의 길이가 a 인 두 원과 반지름의 길이가 b 인 두 원이 반지름의 길이가 r 인 원을 둘러싸고 있을 때 r 을 구해보자.

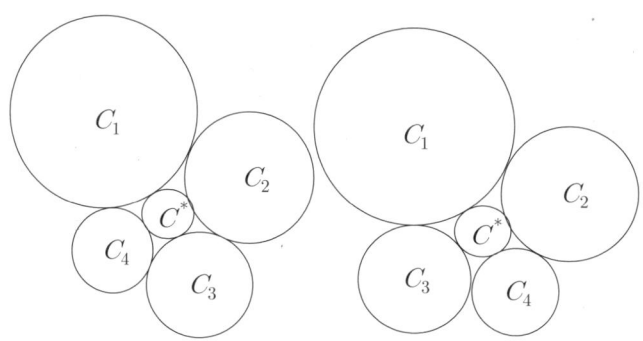

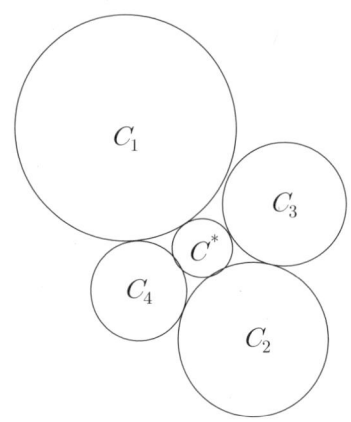

반지름의 길이가 a인 두 원과 반지름의 길이가 b인 두 원이 반지름의 길이가 r인 원을 둘러싸고 있을 경우는 다음 그림과 같이 반지름의 길이가 같은 원이 붙어 있는 경우와 서로 떨어져 있는 두 가지가 있다.

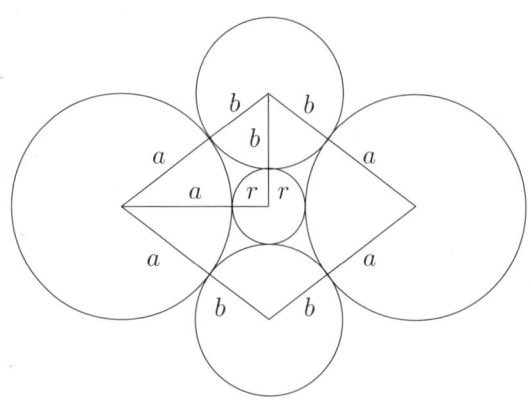

[경우 1]

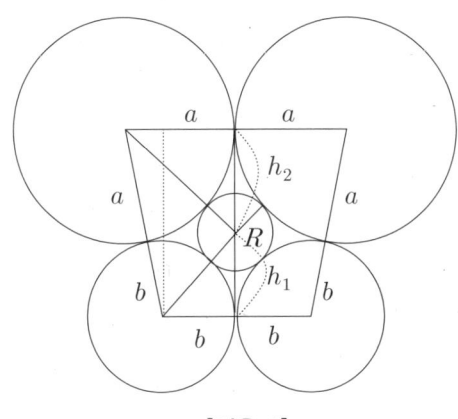

[경우 2]

[경우 1]을 먼저 알아보자.

피타고라스 정리에 의하여

$$(a+b)^2 = (a+r)^2 + (b+r)^2$$

이므로 양변을 정리하면

$$ab = (a+b)r + r^2$$

이다. 즉, $r^2 + (a+b)r - ab = 0$이고 $r > 0$이므로 가운데 원의 반지름은 다음과 같다.

$$r = \frac{\sqrt{a^2 + 6ab + b^2} - (a+b)}{2} \quad \cdots\cdots ③$$

위 식③으로부터 우리는 a, b를 적당히 선택하면 반지름 r도 정수로 만들 수 있다. 이를테면 큰 두 원의 반지름이 a, b일 때 가운데 원의 반지름을 $r(a, b)$라 하면 $r(3, 2) = 1$, $r(10, 3) = 2$, $r(12, 5) = 3$ 등은 모두 a, b, r이 정수일 때이다. 따라서 $(b+r, a+r, a+b)$는 피타고라스의 3쌍이다. 한편 (A, B, C)가 $A^2 + B^2 = C^2$을 만족하는 피타고라스의 3쌍이라면 [경우 1]로부터

$$a = \frac{A-B+C}{2},\ b = \frac{-A+B+C}{2},\ r = \frac{A+B-C}{2}$$를 얻을 수

있다. 즉, 임의의 피타고라스 3쌍으로부터 네 원에 접하는 가운데 원의 반지름의 길이를 구할 수 있다.

이제 [경우 2]를 알아보자.

우선 $h = h_1 + h_2$라고 하면 h는 [경우 2]의 그림에서 점선으로 표시된 높이와 같다. 피타고라스 정리에 의하여

$$h_1^2 = (a+R)^2 - a^2 = 2aR + R^2,$$
$$h_2^2 = (b+R)^2 - b^2 = 2bR + R^2$$

이고

$$h^2 = (a+b)^2 - (a-b)^2 = 4ab$$

이다. 그리고 $h = h_1 + h_2$이므로 다음 식을 얻는다.

$$4ab = h^2 = (h_1 + h_2)^2 = h_1^2 + h_2^2 + 2h_1 h_2$$
$$= 2(aR + bR + R^2 + h_1 h_2)$$

이 식으로부터 $h_1 h_2 = 2ab - (aR + bR + R^2)$이므로 다음을 얻는다.

$$(2aR + R^2)(2bR + R^2) = h_1^2 h_2^2$$
$$= [2ab - (aR + bR + R^2)]^2$$
$$\Rightarrow (2a+R)(2b+R) = \left(\frac{2ab}{R} - (a+b) - R\right)^2$$

$$\Rightarrow 4ab + 2(a+b)R + R^2 = \frac{4a^2b^2}{R^2}$$
$$+ (a+b)^2 + R^2 - 4ab + 2(a+b)R - \frac{4ab(a+b)}{R}$$
$$\Rightarrow R^2(a^2 - 6ab + b^2) - 4ab(a+b)R + 4a^2b^2 = 0 \quad \cdots\cdots ④$$

위 식④에서 근의 공식을 이용하면 다음과 같은 R을 얻을 수 있다.

$$R = \frac{4ab(a+b) \pm \sqrt{16a^2b^2\{(a+b)^2 - (a^2 - 6ab + b^2)\}}}{2(a^2 - 6ab + b^2)}$$

그런데 $R > 0$이므로 네 원에 접하는 가운데 원의 반지름은 다음과 같다.

$$R = \frac{2ab\{2\sqrt{2ab} - (a+b)\}}{8ab - (a+b)^2}$$

$$= \frac{2ab}{(a+b) + 2\sqrt{2ab}} \quad \cdots\cdots ⑤$$

식⑤로부터 정수 a, b에 대하여 반지름 R이 유리수가 되려면 $2ab$가 완전제곱수가 되어야 함을 알 수 있다. 또 식③과 식⑤를 비교하면 두 경우의 반지름이 같지 않음을 알 수 있다. 실제로 큰 두 원의 반지름이 a, b일 때 가운데 원의 반지름을 $R(a, b)$라 하면 $r(3, 2) = 1$이지만 $R(3, 2) = \dfrac{12}{5 + 4\sqrt{3}} \approx 1.006$이다.

또 $r(10, 3) = 2$이지만 $R(10, 3) = \dfrac{60}{13 + 4\sqrt{15}} \approx 2.1$이다.

지금까지 우리는 반지름의 길이가 주어진 몇 개의 원이 서로 접하는 경우, 접하는 원들의 가운데에서 다른 모든 원과 접하는 원의 반지름의 길이를 피타고라스 정리를 이용하여 구하는 것에 대하여 알아보았다.

앞에서 소개한 경우 이외에도 다양한 경우를 생각할 수 있다. 이를테면 다음 그림과 같이 지름의 길이가 두 자연수 a, b이고 반지름의 길이가 b인 원이 딱 2개일 경우를 생각할 수 있다. 이런 경우도 피타고라스 정리를 활용하여 두 자연수 a, b 사이의 관계를 얻을 수 있다. 이처럼 피타고라스 정리는 직각삼각형인 경우뿐만 아니라 매우 다양한 경우에 활용되고 있으므로 반드시 알아두어야 할 내용이다.

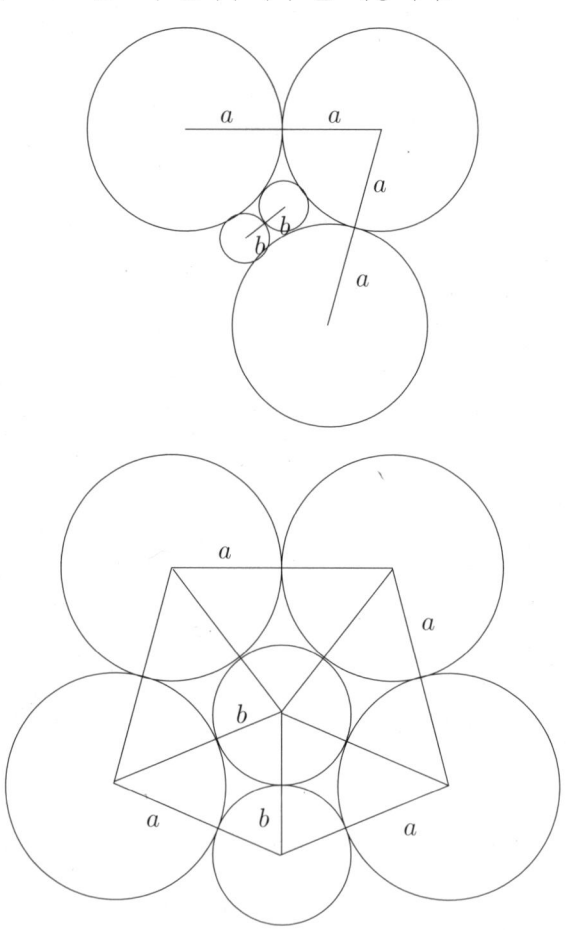

03 수평선까지는 얼마나 멀까?

그리스 신화에는 무엇이든지 만들지 못하는 것이 없는 재주꾼 다이달로스에 대한 이야기가 있다. 다이달로스는 크레타 섬에서 파시파에 왕비가 낳은 황소괴물인 미노타우로스를 가둔 미궁을 만든 이로 특히 유명하다. 그는 크레타 섬에 오기 전에 아테네에서 살았는데, 자신의 조카를 죽인 죄로 아테네에서 쫓겨나 크레타 섬으로 오게 되었다. 그가 자신의 조카를 죽인 이야기는 이렇다.

다이달로스의 제자 중에는 기계 기술을 배우라고 보낸 누이의 아들 페르디코스가 있었다. 페르디코스는 재주가 뛰어난 아이인데다 공부에 놀라운 관심을 나타내었다. 어느 날은 해변을 걷다가 물고기의 등뼈를 주웠는데, 그는 그것을 견본으로 철판을 잘라 오늘날과 같은 톱을 처음으로 만들었다. 또 그는 도자기를 빚는 녹로도 고안해 냈다. 하지만 수학자들에게 페르디코스가 중요한 이유는 따로 있다. 어린 천재는 두 개의 쇳조각을 붙이고, 그 한 끝은 못으로 고정한 다음 반대편 끝은 뾰족하게 갈아 두 조각을 다시 벌려 원을 그리는 컴퍼스를 발명했기 때문이다. 이 컴퍼스의 발명이야말로 수학의 역사에 있어서 매우 중요한 일대 사건이었다. 컴퍼스의 발명이 없었다면 훗날 인류는 기하학은 꿈도 꾸지 못했을 것이다.

다이달로스는 어린 조카의 이런 뛰어난 발명을 질투하여 조카를 그냥 두어서는 안 되겠다고 생각했다. 그래서 그는 페르디코스에게 거리 재는 방법을 일러 주겠다며 어린 조카를 바닷가 절벽 위로 데려갔다. 그리스 사람들은 그때 이미 지구가 둥글다는 것을 알고 있었다. 다이달로스는 그의 조카에게 문제를 하나 냈다.

원리와 개념을 잡아주는 수학법칙

"여기 절벽 위에 서 있는 너와 바다 저쪽 수평선까지의 거리는 얼마나 될 것 같으냐?"

페르디코스는 금세 답을 말했다.

"지구는 둥글게 굽어 있고, 제가 바라보는 시선은 지구의 굴곡과 만나는 접선을 이루게 돼요. 그리고 원근법으로 인해 생기는 착시적인 축소현상 때문에 원래의 먼 거리가 우리 눈에는 훨씬 가깝게 보일 거예요."

이 말을 들은 다이달로스는 놀라지 않을 수 없었다. 조카의 영리함과 풍부한 지식, 누가 봐도 명백한 천재성에 경악을 금치 못했다. 결국 다이달로스는 질투심에 이끌려 페르디코스를 벼랑 아래로 떨어뜨렸다. 그러나 발명하는 재주를 총애하는 아테나 여신은 페르디 코스를 메추라기로 변신시켰다. 그 이후로 메추라기는 높은 곳에 둥지를 틀지도 않고 높이 날지도 않는다고 한다. 결국 다이달로스는 조카를 죽인 죄로 아테네

시민권을 박탈당하고 크레타 섬으로 쫓겨 갔고, 그곳에서 또 다른 재미있는 신화를 만들게 된다.

이제 신화에 나오는 수평선까지의 거리를 피타고라스 정리와 고등학교에서 배우는 무리함수를 이용하여 실제로 구해보자.

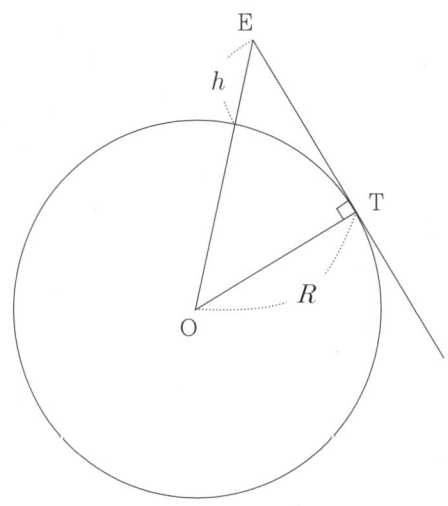

위의 그림과 같이 지구를 중심이 O인 원이라고 하고, 지표면에서 눈높이까지의 거리가 h인 지점 E에서 수평선을 바라보았을 때 시선이 수평선과 만나는 점을 T라고 하자. 지구의 반지름을 R이라 하면, 우리가 구하려는 수평선까지의 거리 x는 선분 ET 의 길이다. 즉, $x =$ ET 가 멀리 보이는 수평선까지의 거리가 된다. 그런데 원의 접선은 반지름과 수직이므로 삼각형 OTE는 직각삼각형이다. 따라서 피타고라스 정리에 의하여 $x^2 = (R+h)^2 - R^2$이므로

$$x = \sqrt{R^2 + 2Rh + h^2 - R^2}$$
$$= \sqrt{2Rh + h^2}$$

원리와 개념을 잡아주는 수학법칙

이다. 그리고 지구의 반지름은 약 6400km이므로 눈높이가 hm인 사람이 볼 수 있는 수평선까지의 거리는 다음과 같다.

$$x = \sqrt{2 \times 6400000 \times h + h^2}$$
$$= \sqrt{12800000h + h^2}$$

그런데 보통 사람의 눈높이는 1.5m~1.8m 정도이므로 1280만에 비하면 1.5나 1.8의 제곱은 있으나마나한 정도이다. 따라서 수평선까지의 거리는 대략 다음과 같다고 할 수 있다.

$$x = \sqrt{2Rh} = \sqrt{12800000h}$$

사실 이 식은 현재 우리나라 고등학교에서 사용하고 있는 많은 교과서에서 무리함수를 도입할 때 소개하는 식이다. 이 식을 이용하면 수평선까지의 거리를 구할 수 있는데, 예를 들어 눈높이가 1.6m인 사람이 볼 수 있는 가시거리는 다음과 같다.

$$x = \sqrt{12800000 \times 1.6} = \sqrt{20480000}$$
$$\approx 4525.5 (\text{m})$$

즉, 이 사람이 보는 수평선은 약 4.5km이다.

맑은 날에 산꼭대기나 높은 곳에서 가시거리를 구할 때 사용하는 이 식은 수평선까지의 거리나 가시거리만 구할 수 있는 것은 아니다. 이를테면 달이 1초 동안 움직인 거리를 구할 수도 있고, 태양 주위를 돌고 있는 행성이 충분히 작은 시간동안 움직인 거리도 구할 수 있다. 물론 실제거리도 구할 수 있지만 우리가 맨 눈으로 달의 움직임을 볼 때, 보는 시점에서 1초 동안 달이 움직인 거리를 구할 수 있다.

사실 달은 지구에서 가까운 곳에 있기 때문에 직접 삼각 측량에 의해

거리를 측정할 수 있다. 지구상의 떨어진 두 지점에서 동시에 달의 위치를 관측하면 시차를 측정할 수 있기 때문에 거리도 구할 수 있다. 달은 지구를 원에 가까운 타원 궤도로 돌고 있는데, 달 궤도의 평균 반지름은 약 384400km이고 평균 27.32일에 한 바퀴씩 지구를 돌고 있다. 이 궤도를 돌고 있는 달의 속력은 다음과 같다.

$$v = \frac{2\pi \times 384400}{27.32 \times 24 \times 60 \times 60} \approx \frac{2414032}{2360448} \approx 1.02 (\text{km/s})$$

따라서 어느 순간에 지구의 중력이 영향을 미치지 않는다면 달은 1초 동안 접선을 따라서 $x = 1.02$km씩 움직인다고 할 수 있다. 그런데 $x = \sqrt{2Rh}$ 로부터

$$h \approx \frac{x^2}{2R} \approx \frac{(1.02)^2}{2 \times 384400} = \frac{1.0404}{768800}$$

$$\approx \frac{1.35}{1000000} (\text{km})$$

이다. 1km는 1000m이고 1m는 100cm이고, 1cm는 10mm이므로 맨 눈으로 볼 때 달은 1초에 다음과 같은 거리를 움직인다. 즉, 맑은 날 밤하늘에서 우리는 1초에 약 1.35mm씩 하늘을 움직이고 있는 달을 볼 수 있다는 것이다.

$$\frac{1.35}{1000000} \times 1000 \times 100 \times 10 = 1.35 \text{mm}$$

무리함수를 도입할 때 활용해도 되는 이 방법을 두 번 사용하면 또 다른 거리를 구할 수 있다. 일반적으로 기상학자들은 높이에 따라 구름을 크게 3가지로 구분하며 그 각각을 다시 3가지로 세분한다. 즉, 5~13 km 높이에 나타나는 상층운은 상부로부터 권운(卷雲)·권적운(卷積雲)·

원리와 개념을 잡아주는 수학법칙

권층운(卷層雲)으로 구분한다. 2~7㎞ 높이에서 나타나는 중층운은 상부로부터 고적운(高積雲)·고층운(高層雲)·난층운(亂層雲)으로 구분한다. 또 0~2㎞ 높이에서 나타나는 하층운은 층적운(層積雲)·층운(層雲)·적운(積雲)·적란운(積亂雲)으로 구분한다. 이에 따르면 보통 흰 구름은 지상으로부터 약 1.5km 높이에 떠 있다고 한다. 이런 사실로부터 수평선너머에 걸쳐 있는 흰 구름까지의 거리를 구해보자.

Chapter 3 피타고라스

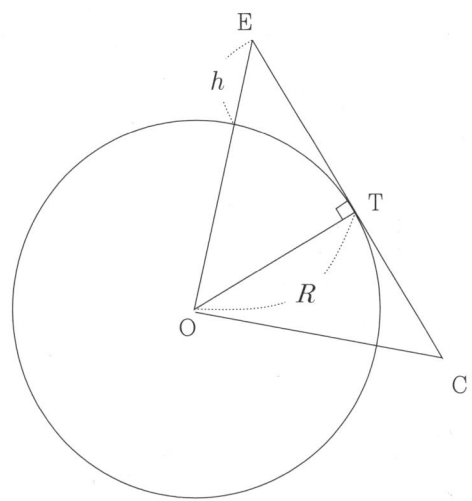

위의 그림과 같이 수평선너머에 걸쳐 있는 흰 구름의 위치를 C라 하자. 앞에서 알아본 것과 같이 흰 구름은 보통 1.5km 이상에 위치해 있으므로 다음이 성립한다.

$$EC = ET + TC$$
$$= \sqrt{2Rh} + \sqrt{(R+1.5)^2 - R^2}$$
$$\approx \sqrt{2Rh} + \sqrt{3R}$$
$$= \sqrt{12800000h} + \sqrt{19200000}$$

그런데 $\sqrt{19200000} \approx 4382$이므로, 예를 들어 눈높이가 1.6m인 사람이 수평선너머에 걸려있는 흰 구름을 보았다면 그 사람으로부터 흰 구름까지는 약 4525.5+4382=8907.5(m) 만큼 떨어져 있다고 할 수 있다. 또 높이가 약 1700m인 설악산 대청봉 정상에서 멀리 동해를 바라본다고 하더라도 TC의 길이는 변하지 않으므로 동해에 걸쳐있는 수평선까지의 거리는 $\sqrt{12800000 \times 1700} \approx 147513$이고, 수평선너머에 있는 구름까지

는 147513+4382=151895m, 즉 약 15km이다.

이와 같은 방법으로 컴퓨터나 전자계산기가 없던 아주 옛날에도 수평선에 걸쳐있는 배까지의 거리나 행성들의 움직임을 알았던 것이다. 하여튼 수학은 파고들면 들수록 흥미로운 과목임에 틀림없다.

04 피타고라스 정리 증명하기

오늘날 피타고라스 정리에 관한 증명은 약 400가지에 이른다는 것은 이미 앞에서 소개했다. 지금도 이 정리의 증명에 흥미를 갖고 있는 사람들에 의하여 계속 새로운 증명법이 찾아지고 있다. 그리고 인터넷을 이용하여 찾을 수 있는 증명 방법만 해도 약 50가지에 이르고 있다. 그래서 여기에서는 잘 알려져 있지 않으며 쉽게 구할 수 없지만 흥미로운 증명법 몇 가지를 소개한다. 특히 수식이 필요 없는 그림만을 이용한 증명법들을 주로 소개한다.

▶ 피타고라스의 증명법

아무리 잘 알려진 증명 방법을 제외시킨다고 하더라도 피타고라스가 증명한 것으로 알려진 방법을 소개하는 것은 의미가 있다. 따라서 처음에 소개할 방법은 피타고라스가 증명한 것으로 알려진 다음과 같은 분할 형태의 증명이다. $a,\ b,\ c$를 주어진 직각삼각형의 두 변과 빗변이라고 하고, 다음 그림과 같은 두 개의 직각삼각형을 생각하자. 각 삼각형의 변의 길이는 $(a+b)$이다. 위의 정사각형은 여섯 개의 부분으로 분할된다. 아래의 정사각형은 다섯 개의 부분으로 분할되는데, 같은 것에서 같은 것을 뺌으로써 빗변에 대응하는 정사각형은 두 변에 대응하는 정사각형의 합과 같게 된다.

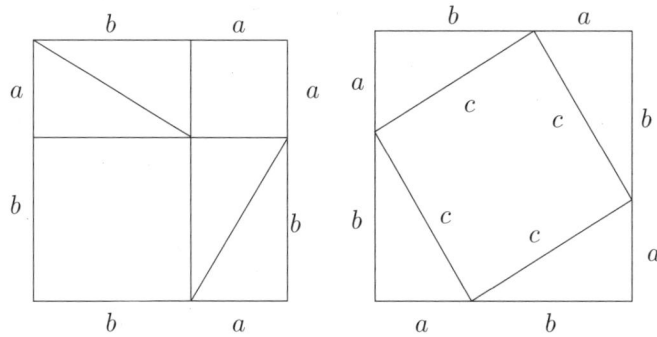

아래의 그림에서 가운데 부분이 실제로 변 c를 갖는 정사각형이라는 것을 증명하기 위해서, 직각삼각형의 각들의 합은 두 직각과 같다는 사실을 이용할 필요가 있다. 그런데 삼각형에서 이와 같은 일반적인 사실을 증명하기 위해서는 평행선의 성질에 관한 지식이 요구되기 때문에, 초기 피타고라스학파는 또한 평행선 이론의 발전에도 공헌한 것으로 여겨진다.

▶ 말 없이 증명하기

피타고라스 정리를 증명하기 위한 다양한 방법이 있지만 여기서는 잘 알려진 '말 없는 증명' 방법 몇 가지를 소개한다.

먼저, 다음 그림은 유클리드의 증명법의 기초가 된 그림이다. 그림만 봐도 피타고라스 정리가 성립한다는 것을 알 수 있다.

원리와 개념을 잡아주는 수학법칙

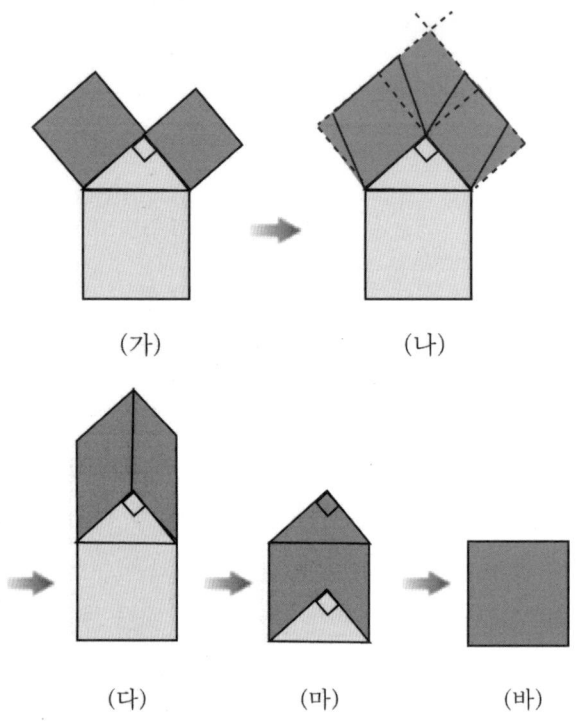

(가)　　　　　(나)

(다)　　(마)　　(바)

다음 그림은 듀데니(Dudeney)가 제시한 것으로 그림에서와 같이 위의 두 정사각형을 오려낸 조각들을 밑의 큰 정사각형에 붙이면 꼭 맞는다는 것을 알 수 있다.

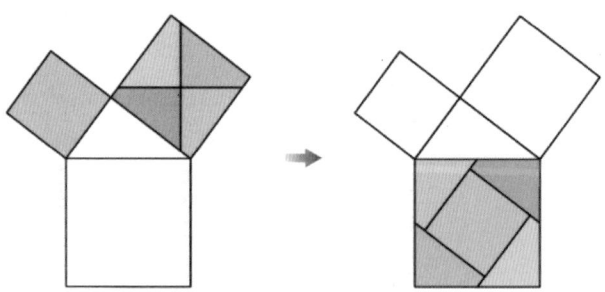

다음 그림은 마이클 하디(Michael Hardy)가 제시한 것으로 반지름이 c 인 원에 대한 비례관계로부터 피타고라스 정리를 쉽게 발견할 수 있다.

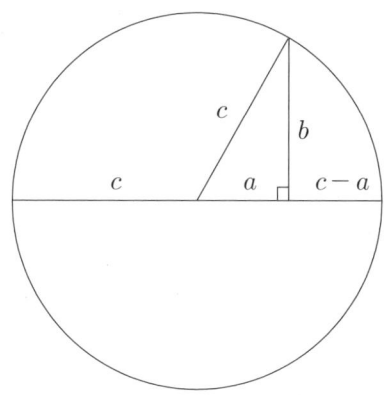

위의 그림에서 다음 식이 성립한다.

$$\frac{c+a}{b} = \frac{b}{c-a}$$

이 식으로부터 다음이 성립한다.

$$a^2 + b^2 = c^2$$

다음은 중국의 고대 수학자 유희가 제시한 증명법으로 듀데니의 방법과 마찬가지로 작은 정사각형을 오려낸 조각들을 큰 정사각형에 겹친 것이다.

다음은 버크(Burk)가 제시한 것으로 주어진 직각삼각형에 각 변의 길이만큼 배를 하여 증명했다.

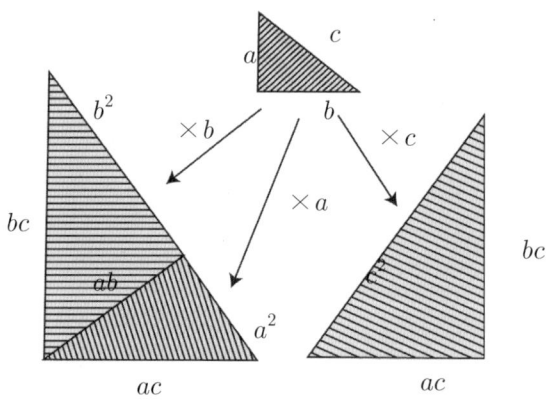

지금까지 제시한 방법 이외에도 많은 말 없는 증명법이 있다. 다음은 여러분이 직접 그림을 복사하여 오려낸 후에 조각들을 붙여 피타고라스 정리가 성립함을 확인해 보자.

Chapter 3 피타고라스

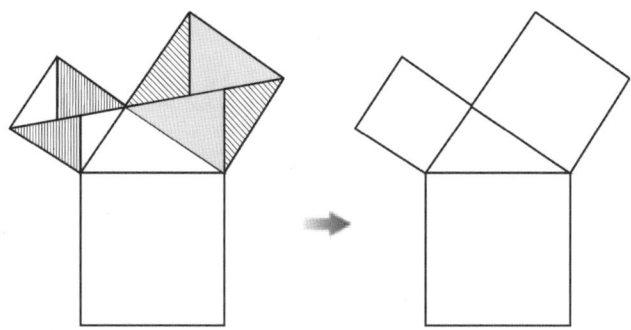

참고문헌

신항균, 이광연, 황혜정, 윤혜영, 이지현, 중학교 수학2, 지학사, 2011.

Roger B. Nelsen, Proofs without words I, II, Math. Asso. Amer., 2000.

Chapter 4

헤아림 수와 스털링 수

원리와 개념을 잡아주는 수학법칙

원리와 개념을 잡아주는 수학법칙

01 헤아림 수

▶▶ 합의 법칙과 곱의 법칙

유한개의 대상을 서로 다르게 배열하는 방법은 특정 조건에서 가능한 경우의 수, 조합의 수에 대한 추론과 최적화를 핵심 내용으로 한다. 예를 들어 DNA의 염기 서열은 사람마다 약간 다르며 티민(thymine, T), 시토신(cytosine, C), 아데닌(adenine, A), 구아닌(guanine, G)의 네 가지 염기의 조합으로 결정된다. 염기 서열을 분석하여 유전적 요소를 연구하는 유전 공학, 유전자 돌연변이 연구를 통해 암을 비롯한 각종 질병을 정복하기 위한 의학 연구, 여섯 개의 점을 이용하여 시각 장애인의 의사소통을 위해 고안된 점자, 기업의 경영 혁신을 위한 구조 분석 및 인력의 재배치 등의 문제를 해결하는 데 순열과 조합 즉, 개수를 헤아리는 문제는 매우 중요한 도구가 된다.

수를 헤아리는 세기에는 몇 가지 원리가 있다. 우선 가장 기본이 되는 원리로는 합의 법칙과 곱의 법칙이 있다. 합의 법칙은 두 가지 사건 A, B가 동시에 일어나지 않을 때, 사건 A, B가 일어나는 경우의 수가 각각 m, n 가지이면, 사건 A 또는 사건 B가 일어나는 경우의 수는 $(m+n)$ 가지라는 것이다. 예를 들어 조간신문이 5가지 석간신문이 3가지 있을 때, 신문을 한 가지 구독할 경우 가능한 선택은 모두 몇 가지일까? 이 경우 합의 법칙에 의하여 5+3=8(가지)이다.

또 다른 원리인 곱의 법칙은 사건 A가 일어나는 경우의 수가 m가지이고, 그 각각에 대하여 사건 B가 일어나는 경우의 수가 n가지 일 때,

두 사건 A, B가 일어나는 경우의 수는 $(m \times n)$가지라는 것이다. 예를 들어 상우는 5 종류의 셔츠와 4 종류의 바지를 가지고 있다. 상우가 자신의 셔츠와 바지를 각각 하나씩 골라 입을 수 있는 경우의 수는 몇 가지일까? 이 경우 곱의 법칙에 의하여 $5 \times 4 = 20$(가지)이다.

특히 곱의 법칙은 자연수의 양의 약수의 개수를 구할 때 활용할 수 있다. 즉, 자연수 n이 $n = p_1^{e_1} p_2^{e_2} \cdots p_r^{e_r}$로 소인수분해 될 때, 곱의 법칙에 의하여 n의 양의 약수의 개수는 $(e_1 + 1) \times (e_2 + 1) \times \cdots \times (e_r + 1)$이다.

▶ 순열과 조합

헤아림 수 가운데 가장 대표적인 것으로 순열과 조합이 있다. 순열과 조합 이외의 헤아림 수로는 제2스털링 수, 제1스털링 수, 벨 수, 분할 수, 카탈란 수, 피보나치 수 등 여러 가지가 있지만 여기서는 중고등학교 교육과정에 나오는 순열과 조합에 관하여만 알아보자.

(1) 순열

집합 X의 모든 원소를 일렬로 배열한 것을 X의 순열(permutation)이라고 한다. 이를테면 $\{a,b,c\}$의 순열은 다음과 같이 모두 6가지이다.

　　abc, acb, bac, bca, cab, cba

여기서 순열(順列)이란 순서를 생각한 열이란 뜻으로 위치를 바꾼다고 생각할 수 있으므로 치환(置換)이라고도 한다. 일반적으로 n개의 원소로 이루어진 집합을 n-집합이라고 할 때, n-집합 X에서 k개의 서로

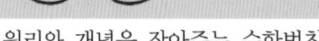

다른 원소를 뽑아 일렬로 배열한 것을 X의 k-순열이라고 한다. 그리고 n-집합의 k-순열의 수를 $_n\mathrm{P}_k$ 또는 $\mathrm{P}(n, k)$와 같이 나타낸다. 순열의 수 $_n\mathrm{P}_k$은 다음과 같다.

$$_n\mathrm{P}_k = n(n-1)(n-2)(n-3)\cdots(n-r+1) \quad (단\ 0 < r \leq n)$$
$$= \frac{n!}{(n-k)!}$$

위 식에서 1부터 n까지 자연수를 차례로 곱한 것을 n의 계승이라고 하며 이것을 기호로 $n!$로 나타낸다. 즉,

$$n! = n(n-1)(n-2)(n-3)\cdots 3 \cdot 2 \cdot 1$$

$0! = 1$
$1! = 1$
$2! = 2$
$3! = 6$
$4! = 24$
$5! = 120$
$6! = 720$
$7! = 5040$
$8! = 40320$
$9! = 362880$
$10! = 3628800$
$11! = 39916800$
$12! = 479001600$
$13! = 6227020800$
$14! = 87178291200$
$15! = 1307674368000$
$16! = 20922789888000$
$17! = 355687428096000$
$18! = 6402373705728000$
$19! = 121645100408832000$
$20! = 2432902008176640000$

$n!$은 'n 팩토리얼(factorial)'이라고 하며 다음과 같이 나타낼 수도 있다.

$$n! = \prod_{k=1}^{n} k$$

또한 다음과 같은 연속함수의 적분으로도 나타낼 수 있다.

$$\Gamma(n+1) = \int_0^\infty x^n e^{-t} dt = n!$$

특히 $n!$은 처음에는 간단히 계산할 수 있으나 그 값이 너무 빨리 커지기 때문에 근삿값이나 값의 범위를 이용할 때도 많다. 실제로 $n!$의 값의 범위는

$$e\left(\frac{n}{e}\right)^n < n! < \frac{n+1}{4} e^2 \left(\frac{n}{e}\right)^n$$

이며, 스털링(Stirling)의 공식으로 알려진 식

$$n! = \sqrt{2\pi n} \left(\frac{n}{e}\right)^n \left(1 + O(\frac{1}{n})\right)$$

도 많이 이용되고 있다.

집합 $\{1, 2, \cdots, n\}$의 순열에서 n을 빼면 $\{1, 2, \cdots, n-1\}$의 순열이 되고 $\{1, 2, \cdots, n-1\}$의 순열의 어느 위치에 n을 넣더라도 $\{1, 2, \cdots, n\}$의 순열이 된다는 사실을 바탕으로 귀납적 방법에 의하여 $\{1, 2, \cdots, n\}$의 모든 순열을 다음과 같이 구한다.

$n = 1$인 경우

1

원리와 개념을 잡아주는 수학법칙

$n=2$인 경우($n=1$인 경우를 각각 2번 씩 쓴다.)

1
1

왼쪽과 오른쪽에 2를 쓴다. ⇒

1	2
2	1

$n=3$인 경우($n=2$인 경우를 각각 3번 씩 쓴다.)

1	2
1	2
1	2
2	1
2	1
2	1

사이사이에 3를 채운다. ⇒

1	2	3
1	3	2
3	1	2
3	2	1
2	3	1
2	1	3

$n=4$인 경우($n=3$인 경우를 각각 4번 씩 쓰고, 사이사이에 4를 채운다.)

1	2	3	4		4	1	2	3
1	3	4	2		1	4	3	2
3	4	1	2		3	1	4	2
4	3	2	1		3	2	1	4
4	2	3	1		2	3	1	4
2	4	1	3		2	1	4	3
1	2	4	3		1	4	2	3
1	3	2	4		4	1	3	2
3	1	2	4		4	3	1	2
3	2	4	1		3	4	2	1
2	4	3	1		2	3	4	1
4	2	1	3		2	1	3	4

Chapter 4 헤아림 수와 스털링 수

위와 같이 생성된 순열은 크게 함수, 행렬, 사이클을 이용하는 3가지 표현방법이 있다.

① **함수 표현**

순열은 함수로 표현할 수 있는데, 집합 $\{1, 2, \cdots, n\}$에서 자신으로 가는 일대일 대응을 $\{1, 2, \cdots, n\}$의 치환이라고 하며, 1, 2, 3, ..., n 각 수의 아래에 $\sigma(1), \sigma(2), \cdots, \sigma(n)$을 달아서

$$\begin{pmatrix} 1 & 2 & \cdots & n \\ \sigma(1) & \sigma(2) & \cdots & \sigma(n) \end{pmatrix}$$

과 같이 나타낸다.

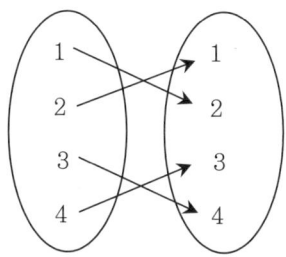

예를 들어 1, 2, 3, 4의 순열 2143은 위의 그림과 같이 하나의 일대일 대응인 함수

$$\sigma : \{1,2,3,4\} \to \{1,2,3,4\}$$

로 볼 수 있으며, 이는 $\sigma(1)=2, \sigma(2)=1, \sigma(3)=4, \sigma(4)=3$로 정의된 함수이다. 이 함수는 1과 2, 3과 4를 각각 서로 바꾸어 놓는다. 즉 순열 2143은 $\begin{pmatrix} 1 & 2 & 3 & 4 \\ 2 & 1 & 4 & 3 \end{pmatrix}$과 같이 나타낸다.

② 행렬 표현

1, 2, 3, …, n의 치환 σ에 대하여 $(1, \sigma(1))$-성분, $(2, \sigma(2))$-성분, …, $(n, \sigma(n))$-성분은 1, 나머지는 0인 $n \times n$ 행렬을 σ에 대응하는 치환행렬(permutation matrix)이라고 한다. 이를테면 1234의 치환 2143을 나타내는 치환 σ에 대응하는 치환행렬은

$$\begin{pmatrix} 0 & 1 & 0 & 0 \\ 1 & 0 & 0 & 0 \\ 0 & 0 & 0 & 1 \\ 0 & 0 & 1 & 0 \end{pmatrix}$$

이다. 이 행렬이 먼저 주어졌을 때는 각 행 1, 2, 3, 4에 1이 있는 열 번호를 차례대로 읽으면 원래의 순열 2143을 얻을 수 있다.

③ 사이클 표현

1, 2, 3, 4, 5, 6의 치환

$$\sigma = \begin{pmatrix} 1 & 2 & 3 & 4 & 5 & 6 \\ 2 & 5 & 3 & 6 & 1 & 4 \end{pmatrix}$$

는 일대일 대응

1→2, 2→5, 3→3, 4→6, 5→1, 6→4

를 나타내는 함수이다. 이를 다음 그림과 같이 나타낼 수 있다.

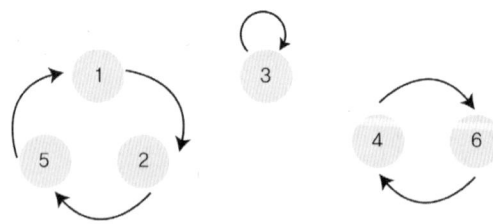

이 그림은 3개의 부분으로 이루어져 있는데, 이들을 사이클(cycle)이라고 하고 각각 (125)(3)(46)으로 나타낸다. 이때 σ는 간단히 $\sigma = (125)(3)(46)$으로 나타낸다. 사이클 안에 들어 있는 수의 개수를 그 사이클의 길이라고 하는데 이를테면 사이클 (125), (3), (46)의 길이는 각각 3, 1, 2이다.

앞에서 알아본 순열은 원소가 모두 다른 것을 순서대로 나열하는 경우였다. 같은 원소가 여러 개 있을 경우에도 앞에서와 같은 방법으로 순열을 만들 수 있다. 예를 들어 다중집합 $X = \{a,a,b,b,b\}$의 순열의 수를 알아보기 위하여 우선 2개의 a와 3개의 b를 각각 서로 다른 것으로 본 집합 $Y = \{a_1, a_2, b_1, b_2, b_3\}$을 생각한다. Y의 순열은 $5! = 120$개이고 그 중 $2! \times 3!$개의 순열

$$a_1\, a_2\, b_1\, b_2\, b_3 \quad a_2\, a_1\, b_1\, b_2\, b_3$$
$$a_1\, a_2\, b_1\, b_3\, b_2 \quad a_2\, a_1\, b_1\, b_3\, b_2$$
$$a_1\, a_2\, b_2\, b_1\, b_3 \quad a_2\, a_1\, b_2\, b_1\, b_3$$
$$a_1\, a_2\, b_2\, b_3\, b_1 \quad a_2\, a_1\, b_2\, b_3\, b_1$$
$$a_1\, a_2\, b_3\, b_1\, b_2 \quad a_2\, a_1\, b_3\, b_1\, b_2$$
$$a_1\, a_2\, b_3\, b_2\, b_1 \quad a_2\, a_1\, b_3\, b_2\, b_1$$

은 첨자를 떼면 모두 X의 순열 $a\,a\,b\,b\,b$가 된다.

한편 X의 순열 $a\,a\,b\,b\,b$에 가능한 모든 첨자를 붙이면 위와 같이 $2! \times 3!$개의 Y의 순열을 얻는다. 따라서 X의 순열의 수는 $\dfrac{5!}{2!3!}$과 같다.

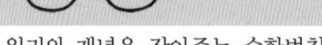

일반적으로 다중집합

$$\{n_1 \times a_1,\ n_2 \times a_2,\ \cdots,\ n_r \times a_r\}$$

의 순열의 수는 다음과 같다.

$$\frac{(n_1+n_2+\cdots+n_r)!}{n_1!n_2!\cdots n_r!}$$

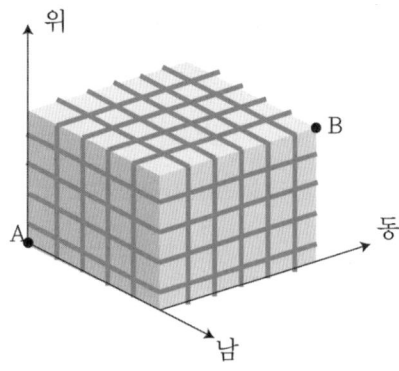

 예를 들어 $5 \times 4 \times 3$개의 단위 정육면체를 붙여 그림과 같은 직육면체를 만들었다. 이 직육면체의 꼭짓점 A에서 B까지 가는데, 남쪽, 동쪽 또는 위로 한 칸씩 갈 수 있다고 할 때, 최단경로의 개수를 다중집합의 순열로 구할 수 있다. 위의 그림과 같이 생각하면 A에서 B까지 가는 최단경로의 수는 $\dfrac{(5+4+3)!}{5!4!3!} = 27720$임을 알 수 있다.

(2) 조합

 서로 다른 n개에서 순서를 생각하지 않고 $k(k \leq n)$개를 택하는 것을 n개에서 k개를 택하는 조합(combination)이라고 하며, 이 조합의 수를 기호로 $_nC_k$ 또는 $C(n,k)$ 또는 $\binom{n}{k}$와 같이 나타낸다.

서로 다른 n개에서 k개를 택하는 조합의 수는 $_nC_k$이고, 그 각각에 대하여 k개를 일렬로 배열하는 방법의 수는 $k!$이다. 따라서 서로 다른 n개에서 k개를 택하여 일렬로 배열하는 순열의 수는 $_nC_k \times k!$이다. 그런데 이 값이 $_nP_k$와 같으므로

$$_nC_k = \frac{_nP_k}{k!} = \frac{n!}{k!(n-k)!}$$

조합은

$$_nC_k = {_nC_{n-k}},\ {_nC_k} = {_{n-1}C_{k-1}} + {_{n-1}C_k}$$

를 만족하며 다음과 같이 배열할 수 있다.

n	\multicolumn{6}{c}{r}
	0	1	2	3	4	5
0	$_0C_0$					
1	$_1C_0$	$_1C_1$				
2	$_2C_0$	$_2C_1$	$_2C_2$			
3	$_3C_0$	$_3C_1$	$_3C_2$	$_3C_3$		
4	$_4C_0$	$_4C_1$	$_4C_2$	$_4C_3$	$_4C_4$	
5	$_5C_0$	$_5C_1$	$_5C_2$	$_5C_3$	$_5C_4$	$_5C_5$

위 표를 행렬로 나타낼 수 있는데, 이 행렬을 파스칼 행렬(Pascal matrix)이라고 한다. 예를 들어 6차의 파스칼 행렬 P_6는 다음과 같다.

$$P_6 = \begin{pmatrix} 1 & 0 & 0 & 0 & 0 & 0 \\ 1 & 1 & 0 & 0 & 0 & 0 \\ 1 & 2 & 1 & 0 & 0 & 0 \\ 1 & 3 & 3 & 1 & 0 & 0 \\ 1 & 4 & 6 & 4 & 1 & 0 \\ 1 & 5 & 10 & 10 & 5 & 1 \end{pmatrix}$$

$_n C_k = \binom{n}{k}$은 2개 항의 전개에서 나타나므로 이항계수(binomial coefficients)라고도 하고, 다음 식을 이항정리라고 한다.

$$(a+b)^n = \binom{n}{0}a^n + \binom{n}{1}a^{n-1}b^1 + \cdots$$
$$+ \binom{n}{n-1}a^1 b^{n-1} + \binom{n}{n}b^n$$

$$= \sum_{k=0}^{n} \binom{n}{k} a^{n-k} b^k$$

이항정리로부터 다음과 같은 결과를 얻을 수 있다.

① $a = b = 1$이면 $\displaystyle\sum_{k=0}^{n} \binom{n}{k} = 2^n$

② $a = -1$, $b = 1$라면

$$\binom{n}{0} + \binom{n}{2} + \cdots \binom{n}{l} = \binom{n}{1} + \binom{n}{3} + \cdots + \binom{n}{m}$$

단 l은 n 이하의 최대의 짝수, m은 n 이하의 최대의 홀수이다.

③ $b = 1$이면

$$(a+1)^n = \sum_{k=0}^{n} \binom{n}{k} a^k$$

이다. 이 식의 양변을 a에 대하여 미분한 후 $a = 1$을 대입하면

$$\sum_{k=0}^{n} k \binom{n}{k} = n2^{n-1}$$

④ $b=1$이면

$$(a+1)^n = \sum_{k=0}^{n} \binom{n}{k} a^k$$

이다. 이 식을 a에 대하여 미분한 후 양변에 다시 a를 곱하면

$$\sum_{k=0}^{n} k \binom{n}{k} a^k = na(a+1)^{n-1}$$

이다. 이 식을 a에 대하여 미분한 후, $a=1$을 대입하면

$$\sum_{k=0}^{n} k^2 \binom{n}{k} = n(n+1)2^{n-2}$$

⑤ $\sum_{k=0}^{n} \binom{n}{k}^2 = \binom{2n}{n}$

⑥ $\binom{0}{k} + \binom{1}{k} + \binom{2}{k} + \cdots + \binom{n}{k} = \binom{n+1}{k+1}$

⑦ $\binom{n+0}{0} + \binom{n+1}{1} + \binom{n+2}{2} + \cdots + \binom{n+k}{k} = \binom{n+k+1}{k}$

순열과 마찬가지로 조합도 다음과 같은 방법으로 만들 수 있다.

주어진 n-집합 $S = \{x_0, x_1, \ldots, x_{n-1}\}$의 모든 조합의 개수는 택하느냐 택하지 않느냐의 문제이므로 2^n이다. 2^n-집합 $\{0, 1, 2, \ldots, 2^n-1\}$의 원소 k의 이진법의 전개식이 $k = \sum_{i=0}^{n-1} a_i 2^i$일 때, $A_k = \{i \mid a_i = 1\}$라

하면

$$X_k = \{x_i \mid i \in A_k\}, (k=0,1,...,2^n-1)$$

는 집합 $S=\{x_0, x_1, ..., x_{n-1}\}$의 모든 부분집합을 나타낸다. 이를테면 집합 $S=\{x_0, x_1, x_3\}$의 모든 조합을 위의 알고리즘에 의하여 아래와 같이 빠짐없이 나열할 수 있다.

	2^2	2^1	2^0	
0	0	0	0	$\varnothing$
1	0	0	1	$\{x_0\}$
2	0	1	0	$\{x_1\}$
3	0	1	1	$\{x_1, x_0\}$
4	1	0	0	$\{x_2\}$
5	1	0	1	$\{x_2, x_0\}$
6	1	1	0	$\{x_2, x_1\}$
7	1	1	1	$\{x_2, x_1, x_0\}$

(예 : $5 = 1 \times 2^2 + 0 \times 2^1 + 1 \times 2^0$이므로 $A_5 = \{2,0\}$이고 $X_5 = \{x_2, x_0\}$이다.)

조합의 생성은 결국 0, 1로 이루어진 모든 n-순열을 체계적으로 나열하는 것이다.

$n=1$인 경우

0		$\varnothing$
1	$\Rightarrow$	$\{x_0\}$

$n=2$인 경우($n=1$인 경우를 뒤집어서 아래에 붙인 후 위쪽의 오른쪽에는 0을 아래쪽 오른쪽에는 1을 각각 붙인다.)

0		00		∅
1		10		$\{x_0\}$
1		11		$\{x_0, x_1\}$
0	$\Rightarrow$	01	$\Rightarrow$	$\{x_1\}$

$n=3$인 경우($n=2$인 경우를 뒤집어서 아래에 붙인 후 위쪽의 오른쪽에는 0을 아래쪽 오른쪽에는 1을 각각 붙인다.)

00		000		∅
10		100		$\{x_0\}$
11		110		$\{x_0, x_1\}$
01		010		$\{x_1\}$
01		011		$\{x_1, x_2\}$
11		111		$\{x_0, x_1, x_2\}$
10	$\Rightarrow$	101	$\Rightarrow$	$\{x_0, x_2\}$
00		001		$\{x_2\}$

고등학교 교육과정에서 이항계수 $\binom{n}{k}$는 n, k가 음이 아닌 정수인 경우에 정의된 값이다. 이것을 임의의 실수 α와 정수 k에 대하여 확장할 수 있다. 즉, $k \geq 1$이고 $[\alpha]_k = \alpha(\alpha-1)(\alpha-2)\cdots(\alpha-k+1)$라 할

때, 임의의 실수 α와 정수 k에 대하여 $\binom{\alpha}{k}$을 다음과 같이 정의한다.

$$\binom{\alpha}{k} = \begin{cases} \dfrac{[\alpha]_k}{k!}, & k \geq 1, \\ 1, & k = 0, \\ 0, & k < 0. \end{cases}$$

예를 들어 $\dfrac{1}{2}$에서 k를 택하는 조합의 수는 다음과 같다.

$$\binom{\frac{1}{2}}{k} = \dfrac{\frac{1}{2}\left(\frac{1}{2}-1\right) \cdots \left(\frac{1}{2}-k+1\right)}{k!}$$

이와 같이 확장된 이항계수는 임의의 실수 α와 정수 k에 대하여 이항계수의 성질과 같이 다음이 성립한다.

$$\binom{\alpha}{k} = \binom{\alpha-1}{k-1} + \binom{\alpha-1}{k}$$

또한 이항계수가 이항다항식의 자연수 제곱의 전개식에서 나타나듯이 확장된 이항계수는 이항다항식의 실수제곱의 전개식에서 나타나는데, 이것을 뉴턴(Newton)의 이항정리라고 한다.

$|x| < 1$일 때, 임의의 실수 α에 대하여

$$(1+x)^\alpha = \sum_{n=0}^{\infty} \binom{\alpha}{n} x^n$$

순열과 조합은 앞에서 소개한 성질 이외에도 많은 유용한 성질이 있다. 여기서 그런 여러 가지 성질을 자세히 다루지 못했으므로 관심이 있는 분을 위하여 뒤에 몇 개의 참고문헌을 소개한다.

02 스털링 수

집합을 여러 가지 경우로 나누는 집합의 분할에 대하여 알아보자.

4명의 학생 a, b, c, d가 여러 모둠으로 나누어 자원 봉사하는 경우를 생각해 보자. 한 사람은 한 모둠에만 들어갈 수 있고 각 모둠에는 적어도 한 사람이 포함되어 있을 때, 네 명을 한 모둠으로 만드는 방법은 몇 가지일까? 네 명을 세 모둠으로 나누는 방법은 모두 몇 가지일까? 또 네 명을 다섯 모둠으로 나누는 방법은 몇 가지일까?

위의 물음에 대한 답은 네 명의 학생을 원소로 하는 집합 $\{a, b, c, d\}$를 수개의 서로소인 부분집합으로 나누는 것과 같다. 예를 들어 $\{a\} \cup \{b\} \cup \{c, d\}$는 집합 $\{a, b, c, d\}$를 서로소인 세 부분집합으로 나눈 것이다. 이와 같이 주어진 집합을 몇 개의 공집합이 아닌 서로소인 부분집합으로 나누는 것을 집합의 분할

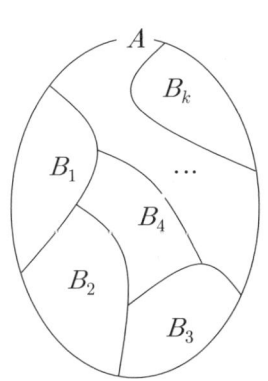

(set partition)이라고 한다. 일반적으로 n개의 원소를 갖는 집합을 n-집합이라고 할 때 오른쪽 그림처럼 n-집합 A가 다음 세 가지 조건을 만족하면 $\{B_1, B_2, \cdots, B_k\}$을 집합 A의 분할이라고 하고 각 B_i를 이 분할의 블록(block)이라고 한다.

(i) $A = B_1 \cup B_2 \cup \cdots \cup B_k$

(ii) $B_1, B_2, \cdots, B_k \neq \varnothing$

(iii) $i \neq j$인 모든 i, j에 대하여 $B_i \cap B_j = \varnothing$

원리와 개념을 잡아주는 수학법칙

여기서 n-집합을 k개의 블록으로 분할하는 경우의 수를 제2종 스털링 수(Stirling numbers of the second kind)라고 하고 $S(n,k)$로 나타낸다. 또 n-집합의 모든 분할의 수를 벨 수(Bell number)라 하고 $B(n)$으로 나타낸다. 즉, 벨 수는 다음과 같다.

$$B(n) = S(n,1) + S(n,2) + \cdots + S(n,n)$$

예를 들어 집합 $A = \{1, 2, 3\}$에 대하여 A의 분할의 수를 모두 구해보자. 집합 A를 1, 2, 3 가지로 나누는 경우는 각각 다음과 같다.

$$A = \{1, 2, 3\}$$
$$= \{1\} \cup \{2, 3\} = \{2\} \cup \{1, 3\} = \{3\} \cup \{1, 2\}$$
$$= \{1\} \cup \{2\} \cup \{3\}$$

따라서 집합의 분할 수는 각각

$$S(3,1) = 1, \ S(3,2) = 3, \ S(3,3) = 1$$

이고, 벨 수는 $B(3) = 1 + 3 + 1 = 5$이다.

또 세 명의 학생 $\{a, b, c\}$를 하나 또는 두 모둠으로 나누는 경우를 이용하여 네 명의 학생 $\{a, b, c, d\}$를 두 모둠으로 나누는 분할의 수 $S(4,2)$를 구할 수도 있다. 이 경우, 먼저 세 명이 한 모둠을 이루고 학생 d가 홀로 모둠을 이루는 경우가 한 가지 있다.

이제 세 명의 학생 a, b, c를 두 모둠으로 나누는 방법의 수를 알아보면 아래 표와 같다.

	모둠 나누기 결과	
1	a	b, c
2	b	a, c
3	c	a, b

그러면 4명의 학생을 두 모둠으로 나눌 때 학생 d가 다른 학생과 더불어 한 모둠을 이루는 경우는 위의 표를 이용하여 구할 수 있다. 즉, 위의 표에서 1, 2, 3 각 경우에 d가 왼쪽 또는 오른쪽 모둠으로 들어가는 2가지 방법이 있다.

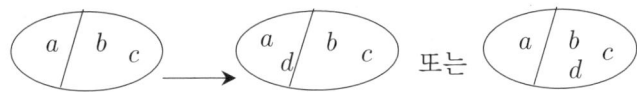

따라서 $3 \times 2 = 6$가지이다. 그러므로 위의 두 경우를 더하면 네 명의 학생을 두 모둠으로 나누는 경우의 수는 6+1=7(가지)이다.

이와 같은 스털링수의 성질을 일반화하여 $S(n,k)$를 구하는 방법을 알아보자.

n개의 원소를 갖고 있는 집합을 $k\,(k \le n)$개의 공집합이 아닌 서로소인 부분집합으로 나누는 것은 n명을 k개의 모둠으로 나누는 것과 같다. 먼저, $k > n$일 때는 n명을 k개의 모둠으로 나눌 수 없으므로 $S(n,k) = 0$이고, n명을 0개의 모둠으로 나눌 수 없으므로 $S(n,0) = 0$이다. 또 n명을 1개의 모둠으로 나누는 방법은 한 가지이고, n명을 n개의 모둠으로 나누는 방법도 한 가지이므로

$$S(n,1) = 1, \quad S(n,n) = 1 \quad (n = 1, 2, 3, \cdots)$$

이다.

원리와 개념을 잡아주는 수학법칙

$1 < k < n$인 경우 n명의 사람 $p_1, p_2, \cdots, p_n$을 k개의 모둠으로 나누는 방법은 p_n이 혼자서 한 개의 모둠을 이루는 경우와 p_n이 다른 사람과 함께 한 개의 모둠을 이루는 경우의 두 가지로 나누어 생각할 수 있다.

① p_n이 혼자서 한 개의 모둠을 이루는 경우

이 경우는 $p_1, p_2, \cdots, p_{n-1}$을 $k-1$개의 모둠 $X_1, X_2, \cdots, X_{k-1}$으로 분할함으로써 k개의 모둠 $X_1, X_2, \cdots, X_{k-1}, \{p_n\}$을 얻을 수 있다.

$$X_1 \quad X_2 \quad \cdots \quad X_{k-1} \longrightarrow S(n-1, k-1)$$

$$X_1 \quad X_2 \quad \cdots \quad X_{k-1} \quad \{p_n\} \quad S(n-1, k-1)$$

따라서 이 경우의 집합의 분할의 수는 $S(n-1, k-1)$이다.

② p_n이 다른 사람과 함께 한 개의 모둠을 이루는 경우

이 경우는 먼저 $p_1, p_2, \cdots, p_{n-1}$을 k개의 모둠 $X_1, X_2, \cdots, X_k$으로 분할한다. 그러면 그 집합의 분할의 수는 $S(n-1, k)$이다. 이제 p_n을 $X_1, X_2, \cdots, X_k$ 중 어느 한 모둠에 포함시키면 된다. 따라서 이 경우의 집합의 분할의 수는 $kS(n-1, k)$이다.

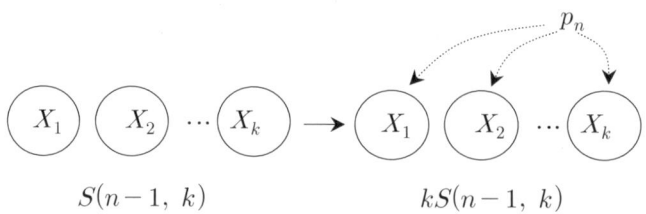

따라서 $S(n,k)$는 ①과 ②에서 얻은 분할의 수를 더한 $S(n-1, k-1)+kS(n-1, k)$이다. 즉, $0 < k < n$인 정수 n, k에 대하여 다음이 성립함을 알 수 있다.

$$S(n, k) = S(n-1, k-1) + kS(n-1, k)$$

다음은

$$S(n, k) = S(n-1, k-1) + kS(n-1, k)$$

을 이용하여 $n = 7$까지 $S(n,k)$를 구한 표이다.

n	$S(n,1)$	$S(n,2)$	$S(n,3)$	$S(n,4)$	$S(n,5)$	$S(n,6)$	$S(n,7)$
1	1	0	0	0	0	0	0
2	1	1	0	0	0	0	0
3	1	3	1	0	0	0	0
4	1	7	6	1	0	0	0
5	1	15	25	10	1	0	0
6	1	31	90	65	15	1	0
7	1	63	301	350	140	21	1

집합의 분할 수인 스털링 수 $S(n,k)$는 서로 다른 n개의 공을 똑같은 종류의 k개의 상자에 빈 상자가 없도록 넣는 경우의 수와 같다. 이를테면 서로 다른 4개의 공을 똑같이 생긴 종류의 상자 2개에 넣는 경우를 생각해 보자. 이때, 공은 모양이 다르지만 상자는 모양이 똑같다는 점에 유의하자. 빈 상자가 없어야 하므로 먼저 한 상자에 3개의 공을 넣고 다른 상자에 1개를 넣는 경우는 다음 그림과 같이 4가지이다.

원리와 개념을 잡아주는 수학법칙

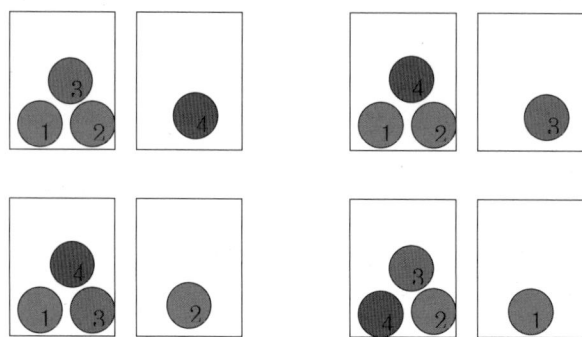

이번에는 두 상자에 각각 2개씩의 공을 넣는 경우를 생각하자. 이때 상자는 구별할 수 없으므로 예를 들어 두 상자에 {1, 2}와 {3, 4}의 공을 넣는 것은 {3, 4}와 {1, 2}의 공을 넣는 것과 같다. 따라서 다음 그림과 같이 모두 3가지 경우가 있다.

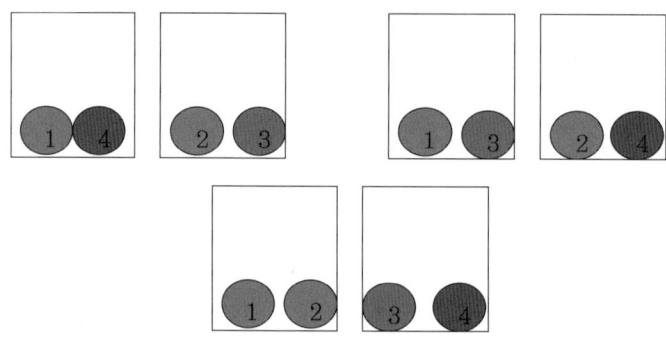

따라서 모두 7가지가 있고 이것은 $S(4, 2)$의 값과 같다.

스털링 수는 여러 가지 조합적인 성질이 있는데, 그 중에서 몇 가지 등식을 소개하겠다.

먼저 $n \geq 2$인 자연수에 대하여

$$S(n, 2) = 2^{n-1} - 1$$

이 성립한다. $S(n, 2)$는 n-집합 A를 두 블록 B_1, B_2로 분할하는 경우의 수이다. 이런 분할에서 B_1이 주어지면 $B_2 = A - B_1$이다. B_1은 공집합이거나 전체집합이 아닌 A의 부분집합이므로 B_1을 선택하는 경우의 수는 $2^n - 2$이다. 두 블록 사이에 순서가 없기 때문에 B_1과 B_2를 서로 바꾸어도 같은 분할이 된다.

예를 들어 $A = \{1, 2, 3, 4, 5\}$이고 $B_1 = \{1, 2, 3\}$, $B_2 = \{4, 5\}$이면 집합 A의 분할은 다음과 같다.

$$\{B_1, B_2\} = \{\{1, 2, 3\}, \{4, 5\}\}$$
$$= \{\{4, 5\}, \{1, 2, 3\}\}$$
$$= \{B_2, B_1\}$$

따라서 다음 식이 성립한다.

$$S(n, 2) = \frac{2^n - 2}{2} = 2^{n-1} - 1$$

또 n이 $n \geq 2$일 때 다음 식이 성립한다.

$$S(n, n-1) = {}_nC_2$$

$S(n, n-1)$은 n개의 서로 다른 공을 $(n-1)$개의 똑같은 모양의 상자에 빈 상자가 없도록 넣는 경우의 수이다. 먼저 각 상자에 공 하나씩을 넣으면 공은 하나만 남게 된다. 그리고 마지막 하나 남은 공은 $(n-1)$개의 상장 중에서 어느 한 상자에 반드시 넣어야 한다. 따라서 어떤 상자에는

원리와 개념을 잡아주는 수학법칙

반드시 2개의 공이 들어 있다. 이것은 결국 n개의 공에서 2개를 선택하는 경우의 수와 같으므로 $S(n, n-1) = {}_nC_2$이 성립한다.

스털링 수는 원소의 수가 n인 집합

$$A = \{1, 2, 3, \cdots, n\}$$

에서 원소의 수가 m인 집합 $B = \{1, 2, \cdots, m\}$로 가는 전사함수의 개수를 구할 때도 나타난다. 집합 A를 m개의 블록으로 나누고 m개의 블록을 집합 B의 원소에 일대일 대응시키면 A에서 B로 가는 전사함수가 된다. 집합 A를 m개의 블록으로 나누는 방법의 수는 $S(n,m)$이고, 이 m개의 블록을 원소의 수가 m인 집합 B의 원소에 일대일 대응시키는 방법의 수는 $m!$이므로 집합 A에서 집합 B로 가는 전사함수의 개수는 곱의 법칙에 의하여

$$m!S(n,m)$$

임을 알 수 있다.

한편, 전체집합 $U = \{f \mid f : A \to B \text{는 함수}\}$의 원소의 수 $|U|$는 $m^n = \binom{m}{0}m^n$이다. U의 m개의 부분집합 $X_1, X_2, \cdots, X_m$을

$$X_1 = \{f \in U \mid 1 \notin f(A)\},$$
$$X_2 = \{f \in U \mid 2 \notin f(A)\},$$
$$\vdots$$
$$X_m = \{f \in U \mid m \notin f(A)\}$$

라 하면 구하는 전사함수의 개수는

$$|X_1^C \cap X_2^C \cap \cdots \cap X_m^C|$$

이다.

그런데 X_1은 집합 A에서 집합 $\{2, 3, \cdots, m\}$로 가는 함수의 집합이므로 $|X_1| = (m-1)^n$이다. 마찬가지로

$$|X_1| = |X_2| = \cdots = |X_m| = (m-1)^n$$

이다. 따라서 다음이 성립한다.

$$S_1 = \sum_{i=1}^{m} |X_i| = m(m-1)^n = \binom{m}{1}(m-1)^n$$

또 $X_1 \cap X_2$는 A에서 $\{3, 4, \cdots, m\}$로 가는 함수의 집합이므로 $|X_1 \cap X_2| = (k-2)^n$이다. 마찬가지로 $X_1, X_2, \cdots, X_m$의 임의의 두 집합의 교집합의 원소의 수도 모두 $(m-2)^n$이다. 이런 두 집합의 교집합은 $\binom{m}{2}$개 있으므로 다음이 성립한다.

$$S_2 = \sum_{1 \le i < j \le n} |X_i \cap X_j| = \binom{m}{2}(m-2)^n$$

일반적으로 $1 \le t \le m$인 t에 대하여

$X_1 \cap X_2 \cap \cdots \cap X_t$는 A에서 $\{t+1, t+2, \cdots, m\}$

로 가는 함수의 집합이므로

$$|X_1 \cap X_2 \cap \cdots \cap X_t| = (m-t)^n$$

이다. 마찬가지로 $X_1, X_2, \cdots, X_m$ 중 t개의 교집합의 원소의 개수는 모두 $(m-t)^n$이고, 이런 t개의 집합은 $\binom{m}{t}$개 있으므로 다음이 성립한다.

$$S_t = \binom{m}{t}(m-t)^n$$

따라서 포함배제의 원리에 의하여 다음이 성립한다.

$$|X_1^C \cap X_2^C \cap \cdots \cap X_m^C| = |U| - S_1 + S_2 - \cdots + (-1)^m S_k$$

$$= \binom{m}{0}m^n - \binom{m}{1}(m-1)^n + \binom{m}{2}(m-2)^n - \cdots$$

$$+ (-1)^m \binom{m}{m}(m-m)^n$$

$$= \sum_{i=0}^{m}(-1)^i \binom{m}{i}(m-i)^n$$

한편, 앞에서 집합 $A = \{1, 2, 3, \cdots, n\}$에서 집합 $B = \{1, 2, \cdots, m\}$로 가는 전사함수의 개수는 $m!S(n,m)$임을 알아보았다. 따라서 다음이 성립한다.

$$S(n, m) = \frac{1}{m!}\sum_{i=0}^{m}(-1)^i {}_m C_i (m-i)^n$$

즉, 스털링 수도 조합적 헤아림 수(combinatorial counting number)이고, 조합적 헤아림 수는 이항계수 ${}_nC_k$를 이용하여 나타낼 수 있으므로 스털링 수도 이항계수를 이용하면 위와 같이 나타낼 수 있다. 또 벨 수도 조합적 헤아림 수이므로 마찬가지로 이항계수를 이용하여 나타낼 수 있다. 즉, 자연수 n에 대하여 다음이 성립한다.

$$B(n) = \sum_{k=0}^{n-1} {}_{n-1}C_k \, B(k)$$

집합을 분할하는 경우의 수인 스털링 수는 어떤 자연수를 몇 개의 자연수의 곱으로 표현하는 경우의 수를 구할 때도 활용할 수 있다. 이때 곱하는 순서는 무시한다. 예를 들어 자연수 30030을 1보다 큰 세 자연수의 곱으로 표현하는 경우의 수를 구해보자. 주의할 점은 곱하는 순서는 무시한다는 것이다. $30030 = 2 \times 3 \times 5 \times 7 \times 11 \times 13$이므로 구하는 수는 6개의 소인수를 공집합이 아닌 3개의 부분집합으로 분할하는 경우의 수 $S(6, 3) = 90$이다.

조합적 헤아림 수에는 스털링 수와 벨 수 이외에도 매우 여러 가지가 있다. 그런데 흥미로운 것은 이런 헤아림 수들은 이항계수를 이용하여 나타낼 수 있다는 것이다. 따라서 다양한 헤아림 수들을 알기 위하여 먼저 이항계수에 대하여 잘 알고 있어야 하며, 이것은 그만큼 이항계수가 중요하다는 것을 반증하고 있다.

03 경우의 수와 영타블로

영 타블로(Young tableau)는 대칭군과 일반선형군, 특수선형군, 특수유니터리 군 등의 표현을 나타내는 조합론적인 대상으로 영국의 수학자 영(Alfred Young)이 1900년에 도입하였다. 영 타블로는 다양한 형태로 만들 수 있기 때문에 중학교나 고등학교에서 경우의 수를 구하는 문제와 연결시켜 생각할 수 있다.

영 타블로를 만들려면 페러즈 다이어그램(Ferrers diagram)을 알아야 하는데, 페러즈 다이어그램은 자연수의 분할과 깊은 관련이 있다. 그래서 먼저 자연수의 분할에 대하여 간단히 알아보자. 자연수 n에 대하여 다음 두 조건을 만족하는 $\lambda = (n_1, n_2, \cdots, n_k)$를 자연수 n의 분할(partition)이라고 한다.

(i) $n_1 \geq n_2 \geq \cdots \geq n_k \geq 1$ (단 $n_1, n_2, \cdots, n_k$는 자연수)

(ii) $n = n_1 + n_2 + \cdots + n_k$

$\lambda=(n_1, n_2, \cdots, n_k)$가 n의 분할이면 각 n_i를 분할 λ의 부분(part)이라 한다. 또 n의 모든 분할의 개수를 $P(n)$, k개의 부분을 가진 n의 분할의 수를 $P(n,k)$로 나타낸다. 따라서

$$P(n) = P(n,1) + P(n,2) + \cdots + P(n,k)$$

이다. 여기에서 조건 $n_1 \geq n_2 \geq \cdots \geq n_k \geq 1$은 분할에서 순서를 고려하지 않는다는 것을 의미하며, 이를 무순서 분할이라고 한다.

이를 테면 '$6 = n_1 + n_2 + n_3 (n_1 \geq n_2 \geq n_3)$를 만족하는 n_1, n_2, n_3의 가짓수를 구하여라.'와 같은 문제는 분할의 예이다. 즉, $P(n,k)$에서 $n=6$을 $k=3$이고,

$$\begin{aligned} 6 &= 4+1+1 \\ &= 3+2+1 \\ &= 2+2+2 \end{aligned}$$

이므로 $P(6,3) = 3$이다. 한편

$$\begin{aligned} 7 &= 5+1+1 = 4+2+1 \\ &= 3+3+1 = 3+2+2 \end{aligned}$$

이므로 $P(7,3) = 4$이다.

자연수의 분할은 그림으로 나타낼 수도 있다.

$\lambda=(n_1, n_2, \cdots, n_k)$가 n의 분할이라 할 때, 첫째 행에 n_1칸, 둘째 행에 n_2칸, …, k번째 행에 n_k칸을 그린 그림을 분할 λ의 페러즈 다이어그램이라 한다. 페러즈 다이어그램은 보통 여러 개의 정사각형을 사용하여 그리지만 점을 사용하여 그릴 수도 있다.

페러즈 다이어그램은 크기가 같은 정사각형들의 행(row)들로 이루어진 도형이다. 페러즈 다이어그램의 열들은 왼쪽 정렬로 되어 있으며, 아래로 내려갈수록 그 길이는 같거나 짧아진다. 예를 들어, 다음 그림은

6의 분할인 (4,2), (3,2,1), (2,2,1,1)의 페러즈 다이어그램이다.

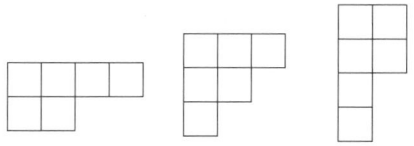

자연수 n의 분할 $\lambda = (n_1, n_2, \cdots, n_k)$의 페러즈 다이어그램에서 i번째 열에 있는 칸의 수를 m_i라 하면 $\lambda' = (m_1, m_2, \cdots, m_l)$도 n의 한 분할이다. 이렇게 얻어진 분할을 λ의 공액분할(conjugate partition)이라고 한다. 예를 들어 6의 분할 (4,2)의 공액분할은 (2,2,1,1)이고, (3,2,1)의 공액분할은 자신이 된다. 마찬가지로 분할 (2,2,1,1)의 공액분할은 (4,2)이다. 또 5의 한 분할 $\lambda = (4,1)$의 페러즈 다이어그램과 공액분할 $\lambda' = (2,1,1,1)$의 페러즈 다이어그램은 다음과 같다.

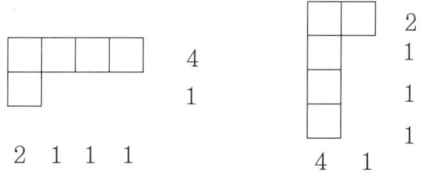

이제 페러즈 다이어그램을 이용하는 영 타블로에 대하여 알아보자.

영 타블로란 페러즈 다이어그램에서 가로줄을 따라 오른쪽으로 가면서는 수가 커지거나 같게, 세로줄을 따라 아래로 가면서는 수가 커지게 주어진 자연수를 채워 넣은 것을 말한다. 영 타블로에는 표준 영 타블로(standard Young tableau)와 준표준 영 타블로(semistandard Young tableau) 두 가지가 있다.

표준 영 타블로는 다음 조건을 만족시킨다.
(i) 각 행에서 오른쪽으로 갈수록 수가 항상 증가한다.
(ii) 각 열에서 밑으로 갈수록 수가 항상 증가한다.

한편 준표준 영 타블로는 다음 조건을 만족시킨다.
(i) 각 행에서 오른쪽으로 갈수록 수가 항상 감소하지는 않는다.
(ii) 각 열에서 밑으로 갈수록 수가 항상 증가한다.

예를 들어 아래 왼쪽 영 타블로는 오른쪽이나 밑으로 갈수록 수가 항상 증가하므로 표준 타블로이다. 반면 오른쪽 타블로는 첫 번째 행의 수 1이 반복되며 항상 증가하지 않는다. 즉, 항상 감소하지는 않는다. 따라서 준표준 타블로이다.

1	2	3	4	5
5	6	7	8	
9	10	11	12	
13				

1	1	1	2	3
2	2	3	5	
3	4	5	6	
7				

주어진 조건에 맞는 영 타블로를 모두 구하는 것은 생각만큼 쉽지 않다. 예를 들어 7의 분할 (3,2,1,1)와 {1,2,3,4,5,6,7}을 이용하여 표준 영 타블로를 모두 구하면 다음과 같이 모두 35개이다.

1	5	7
2	6	
3		
4		

1	4	7
2	6	
3		
5		

1	3	7
2	6	
4		
5		

1	2	7
3	6	
4		
5		

1	4	7
2	5	
3		
6		

Chapter 4 헤아림 수와 스털링 수

1	3	7
2	5	
4		
6		

1	2	7
3	5	
4		
6		

1	3	7
2	4	
5		
6		

1	2	7
3	4	
5		
6		

1	5	6
2	7	
3		
4		

1	4	6
2	7	
3		
5		

1	3	6
2	7	
4		
5		

1	2	6
3	7	
4		
5		

1	4	5
2	7	
3		
6		

1	3	5
2	7	
4		
6		

1	2	5
3	7	
4		
6		

1	3	4
2	7	
5		
6		

1	2	4
3	7	
5		
6		

1	2	3
4	7	
5		
6		

1	4	6
2	5	
3		
7		

1	3	6
2	5	
4		
7		

1	2	6
3	5	
4		
7		

1	3	5
2	4	
5		
7		

1	2	6
3	4	
5		
7		

1	4	5
2	6	
3		
7		

1	3	5
2	6	
4		
7		

1	2	5
3	6	
4		
7		

1	3	4
2	6	
5		
7		

1	2	4
3	6	
5		
7		

1	2	3
4	6	
5		
7		

1	3	5
2	4	
6		
7		

1	2	5
3	4	
6		
7		

1	3	4
2	5	
6		
7		

1	2	4
3	5	
6		
7		

1	2	3
4	5	
6		
7		

영 타블로는 자연수의 분할의 형태에 따라 만들 수 있는 경우의 수가 달라진다. 이때 영 타블로가 아닌 경우를 만들 수 있다. 예를 들어 아래 왼쪽 그림은 자연수 11의 한 분할 (4,3,3,1)의 페레즈 다이어그램에

원리와 개념을 잡아주는 수학법칙

{1,2,3,4}를 채워 넣어 만든 준표준 영 타블로의 하나이다. 그러나 오른쪽 그림은 첫 번째 가로줄이 (1,1,2,1)로 1에서 2로 증가했다 다시 1로 감소하므로 영 타블로가 아니다.

1	1	1	2
2	2	3	
3	4	4	
4			

1	1	2	1
2	2	3	
3	3	4	
4			

이제, 이와 같은 페러즈 다이어그램의 첫 번째 세로줄에는 반드시 (1,2,3,4)를 채워 넣어야 한다고 할 때 나올 수 있는 영 타블로를 모두 구해보자.

첫 번째 세로줄에 (1,2,3,4)가 있으므로 두 번째 세로줄을 채우는 영 타블로는 다음과 같은 네 가지이다. 즉, 영 타블로의 정의에 의하여 오른쪽으로 갈수록 적어지지 않고 아래로 내려올수록 증가해야 하므로 (1,2,3), (1,2,4), (1,3,4), (2,3,4)의 4가지이고, 그때 페러즈 다이어그램은 다음과 같다.

1	1
2	2
3	3
4	

1	1
2	2
3	4
4	

1	1
2	3
3	4
4	

1	2
2	3
3	4
4	

이번에는 두 번째 세로줄을 (1,3,4)로 채웠을 때 가능한 영 타블로를 구해보자. 두 번째 세로줄을 (1,3,4)로 채웠을 때, 세 번째 세로줄은 (1,3,4) 또는 (2,3,4)로 채워야 한다. 만일 세 번째 세로줄이 (1,3,4)인 경우 네 번째 세로줄은 (1), (2), (3), (4)의 4가지가 가능하다. 그러나 세 번째 세로줄이 (2,3,4)인 경우 네 번째 세로줄은 (2), (3), (4)의 3가지가

가능하다. 따라서 구하는 경우의 수는 4+3=7(가지)이고 다음 그림과 같다.

세 번째 세로줄을 (1,3,4)로 채웠을 때 :

1	1	1
2	3	3
3	4	4
4		

1	1	1	2
2	3	3	
3	4	4	
4			

1	1	1	3
2	3	3	
3	4	4	
4			

1	1	1	4
2	3	3	
3	4	4	
4			

세 번째 세로줄은 (2,3,4)로 채웠을 때 :

1	1	2	2
2	3	3	
3	4	4	
4			

1	1	2	3
2	3	3	
3	4	4	
4			

1	1	2	4
2	3	3	
3	4	4	
4			

이와 같은 방법으로 가능한 영 타블로를 완성하는 모든 경우의 수를 구해보자.

먼저 앞에서 구한대로 두 번째 세로줄에 올 수 있는 경우는 (1,2,3), (1,2,4), (1,3,4), (2,3,4)의 4가지이므로 한 가지씩 알아보자.

(1) 두 번째 세로줄에 (1,2,3)을 채웠을 때 :

1	1	
2	2	
3	3	
4		

두 번째 세로줄에 (1,2,3)을 채웠을 때 세 번째 세로줄은 (1,2,3), (1,2,4), (1,3,4), (2,3,4) 중 하나로 채워야 한다. 세 번째 세로줄이 (1,2,3), (1,2,4), (1,3,4)중 하나인 경우 네 번째 세로줄은 (1), (2), (3), (4)의 4가지가 가능하고, 세 번째 줄이 (2,3,4)인 경우 네 번째 세로줄은 (2), (3),

(4)의 3가지가 가능하다. 따라서 영 타블로를 완성하는 경우의 수는 $3 \times 4 + 3 = 15$(가지)이고, 다음 그림과 같다.

(i) 세 번째 세로줄에 (1,2,3)을 채웠을 경우의 4가지

1	1	1
2	2	2
3	3	3
4		

1	1	1	2
2	2	2	
3	3	3	
4			

1	1	1	3
2	2	2	
3	3	3	
4			

1	1	1	4
2	2	2	
3	3	3	
4			

(ii) 세 번째 세로줄에 (1,2,4)을 채웠을 경우의 4가지

1	1	1
2	2	2
3	3	4
4		

1	1	1	2
2	2	2	
3	3	4	
4			

1	1	1	3
2	2	2	
3	3	4	
4			

1	1	1	4
2	2	2	
3	3	4	
4			

(iii) 세 번째 세로줄에 (1,3,4)을 채웠을 경우의 4가지

1	1	1
2	2	3
3	3	4
4		

1	1	1	2
2	2	3	
3	3	4	
4			

1	1	1	3
2	2	3	
3	3	4	
4			

1	1	1	4
2	2	3	
3	3	4	
4			

(iv) 세 번째 세로줄에 (2,3,4)을 채웠을 경우의 3가지

1	1	2	2
2	2	3	
3	3	4	
4			

1	1	2	3
2	2	3	
3	3	4	
4			

1	1	2	4
2	2	3	
3	3	4	
4			

(2) 두 번째 세로줄에 (1,2,4)를 채웠을 때 :

1	1
2	2
3	4
4	

두 번째 세로줄에 (1,2,4)를 채우면 세 번째 세로줄은 (1,2,4), (1,3,4), (2,3,4) 중 하나로 채워야 한다. 세 번째 줄이 (1,2,4), (1,3,4) 중 하나인 경우 네 번째 세로줄은 (1), (2), (3), (4)의 4가지가 가능하고, 세 번째 줄이 (2,3,4)인 경우 네 번째 세로줄은 (2), (3), (4)의 3가지가 가능하다. 따라서 영 타블로를 완성하는 경우의 수는 $2 \times 4 + 3 = 11$(가지)이고, 다음 그림과 같다.

 (i) 세 번째 세로줄에 (1,2,4)를 채웠을 경우의 4가지

1	1	1	1
2	2	2	
3	4	4	
4			

1	1	1	2
2	2	2	
3	4	4	
4			

1	1	1	3
2	2	2	
3	4	4	
4			

1	1	1	4
2	2	2	
3	4	4	
4			

 (ii) 세 번째 세로줄에 (1,3,4)를 채웠을 경우의 4가지

1	1	1	
2	2	3	
3	4	4	
4			

1	1	1	2
2	2	3	
3	4	4	
4			

1	1	1	3
2	2	3	
3	4	4	
4			

1	1	1	4
2	2	3	
3	4	4	
4			

 (iv) 세 번째 세로줄에 (2,3,4)을 채웠을 경우의 3가지

1	1	2	2
2	2	3	
3	4	4	
4			

1	1	2	3
2	2	3	
3	4	4	
4			

1	1	2	4
2	2	3	
3	4	4	
4			

(3) 두 번째 세로줄을 (1,3,4)로 채웠을 때 :

1	1		
2	3		
3	4		
4			

두 번째 세로줄을 (1,3,4)로 채우면 세 번째 세로줄은 (1,3,4)와 (2,3,4) 중 하나로 채워야 한다. 따라서 영 타블로를 완성하는 경우의 수는 4+3=7(가지)이고, 다음 그림과 같다.

(i) 세 번째 세로줄에 (1,3,4)를 채웠을 경우의 4가지

1	1	1	
2	3	3	
3	4	4	
4			

1	1	1	2
2	3	3	
3	4	4	
4			

1	1	1	3
2	3	3	
3	4	4	
4			

1	1	1	4
2	3	3	
3	4	4	
4			

(ii) 세 번째 세로줄에 (2,3,4)을 채웠을 경우의 3가지

1	2	2	
2	3	3	
3	4	4	
4			

1	1	2	3
2	3	3	
3	4	4	
4			

1	1	2	4
2	3	3	
3	4	4	
4			

(4) 두 번째 세로줄을 (2,3,4)로 채웠을 때 :

1	2		
2	3		
3	4		
4			

두 번째 세로줄을 (2,3,4)로 채우면 세 번째 세로줄은 반드시 (2,3,4)로 채워야 한다. 이때 네 번째 세로줄은 (2), (3), (4)의 3가지가 가능하다.

따라서 영 타블로를 완성하는 경우의 수는 3(가지)이고, 다음 그림과 같다.

(i) 세 번째 세로줄에 (2,3,4)을 채웠을 경우의 3가지

1	2	2	2
2	3	3	
3	4	4	
4			

1	2	2	3
2	3	3	
3	4	4	
4			

1	2	2	4
2	3	3	
3	4	4	
4			

이상에서 주어진 조건의 영 타블로를 완성하는 모든 경우의 수는 15+11+7+3=36(가지)임을 알 수 있다. 영 타블로를 완성하는 경우의 수는 같은 {1,2,3,4}에 대하여 페러즈 다이어그램을 바꾸면 바뀌게 된다.

영 타블로는 어려운 수식이나 공식 또는 기하학적 내용을 활용해서 경우의 수를 구하는 것이 아니다. 마치 퍼즐과 같이 즐기면서도 창의력과 수학적 아이디어를 높일 수 있기 때문에 흥미롭고 즐거운 수학이 될 수 있다. 아울러 영 타블로는 교과서에는 나오지 않지만 교과서의 내용을 충분히 이해하고 있다면 얼마든지 다양한 경우를 구할 수 있기 때문에 진정 교과서 속에 숨어 있는 수학이라고 할 수 있다.

참고문헌

1. 최설희, 윤영진, 조합수학, 경문사, 2010.

2. 황석근, 이재돈, 김익표, 이산수학, 블랙박스, 2001.

3. R. A. Brualdi, Introductory Combinatorics, North-Holland, 1977.

4. T. Koshy, Fibonacci and Lucas Numbers with Applications, John Wiley & Sons, 2001.

Chapter 5

다항식과 방정식

원리와 개념을 잡아주는 수학법칙

원리와 개념을 잡아주는 수학법칙

01 다항식의 겔로시아 나눗셈

세상에서 가장 오래된 문명 가운데 하나는 인도의 인더스 강 유역을 따라 탄생한 인도문명이다. 이 문명에서도 나일 강 유역에서 발전한 이집트 문명과 유프라테스 강 유역에서 발전한 메소포타미아 문명의 경우와 마찬가지로 수학은 처음에 천문학이나 신전을 짓기 위하여 배워야 하는 것이었다. 그래서 고대 인도에서 수학은 천문학의 시녀라고 생각했다.

인도의 수학이 지금까지 많이 알려지지 않은 것은 그에 대한 연구가 부족했기 때문이다. 현재도 인도의 여러 도서관에 산스크리트어나 다른 인도의 언어로 써진 많은 양의 저작과 필사본들이 아직 세상에 알려지지 않은 채 잠들어 있다. 그런 자료 가운데 가장 오래된 것은 예식을 위한 노래와 희생제물 등을 기록해 놓은 베다(véda)이다. 베다는 기원전 1500년경의 문서로 추정되지만 원래 수학책은 아니다. 하지만 베다는 신을 경배하기 위한 의식에 사용되는 신전이나 제단 등을 만드는 데 필요한 기하학적 내용을 많이 포함하고 있다.

'알다(知)'라는 의미를 지닌 베다는 자연을 찬미한 서정시로 되어 있는 리그베다(Rigvéda), 가곡을 위한 사마베다(Samavéda), 신에게 경배하기 위한 의식을 적어 놓은 야주르베다(Yajurvéda), 그리고 재앙을 털어버리고 복을 비는 아타르바베다(Atharvavéda)의 4가지가 있다. 그런데 수학의 측면에서 볼 때 가장 중요한 것은 베다의 부록과도 같은 베당가(védanga)이다. 베당가는 음성학, 문법, 어원학, 시, 천문학, 제례의식의 법칙 등 모두 6가지를 다루고 있는데, 이 가운데 천문학과 제례의식과 관련된 내용에서 당시의 수학에 대한 정보를 찾을 수 있기 때문이다. 그리고 베당가에서 천문학을 다룬 부분을 죠티수트라(Jyotisûtra), 제례의 식을 다룬 부분을 술바수트라(Sulvasûtra)라고 부른다. 술바수트라는 '새끼의 규칙'이라는 의미이며, 새끼를 꼬아 제단을 건축할 수 있는 기하학적 법칙과 피타고라스 정리를 설명하고 있다.

베다를 포함한 인도 자료들은 대부분 비문이나 필사본의 형태로 남아 있으며 아직까지 보존 상태가 비교적 양호하다. 비문이 주로 돌 판이나 금속판에 새겨졌다면 필사본은 주로 종려나무 잎이나 자작나무 껍질 위에 써져 있다. 돌이나 금속판에 새겨진 비문은 습한 기후 때문에 심각한 손상을 입었지만 나뭇잎이나 종이에 써진 필사본보다는 훨씬 알아보기 쉽다. 비문이나 금속판 그리고 필사할 때 사용한 고대 인도문자는 크게 카로스티(Kharosthi)와 브라미(brâhmi)로 나눌 수 있다.

카로스티 문자는 기원전 3세기부터 기원후 6세기까지 인도 북서부 지역에서 사용되었다. 이 문자는 7세기경 중국어식 표기에 따라 카로스티로 불리기 시작했으며, 오늘날 간단히 인도문자라고 한다. 이 문자는 기원전 3세기 아쇼카(Ashoka)왕이 세운 비문에서 처음 확인되었지만, 지금까지 발견된 아쇼카 왕의 다른 비문들은 모두 브라미 문자로 써져 있다. 그리고 이런 문자의 변천과 더불어 우리가 사용하고 있는 인도 숫자의 표기 형태가 이 문자와 유사한 변화를 겪었다. 또 이런 숫자 표기의 발전과 함께 인도 지역에서 발전되어온 수학을 베다수학이라고 한다. 즉, 베다수학의 기원은 고대 베다 경전에 바탕을 두고 있는 것이다.

베다수학에는 '격자'라는 뜻의 '겔로시아(Gelosia)' 곱셈법이 있다. 이

원리와 개념을 잡아주는 수학법칙

곱셈법은 인도에서 중국과 아라비아 그리고 페르시아로 전파되었으며 아라비아 사람들에 의하여 서유럽에 전해진 것으로 알려져 있다. 그리고 겔로시아는 계산에 필요한 격자무늬의 선을 그리는 불편함에도 불구하고 간단히 적용할 수 있기 때문에 종종 곱셈에 흥미를 유발하기 위한 도구로 현재까지 사용되고 있다. 재미있는 것은 프랑스에서는 겔로시아를 비슷한 발음인 'jalousie'라고 불렀는데, 이 말은 '눈이 먼'이라는 뜻이다. 아마도 이 방법이 매우 쉽기 때문인 것 같다. 겔로시아는 곱하는 두 수의 자릿수에 맞추어 격자모양의 네모 칸을 그리는 것으로 시작한다.

 겔로시아가 얼마나 간단한지 62×47을 계산하며 알아보자.

 먼저 다음 그림과 같이 격자무늬에 대각선을 그린 후 네모 칸 위와 오른쪽에 곱하는 두 수 62와 47을 써 넣는다. 그리고 6과 4를 곱한 결과인 24를 왼쪽 위 칸에 10의 자리 2와 1의 자리 4로 나누어 각각 숫자 하나씩을 써 넣는다. 마찬가지 방법으로 2와 4를 곱한 결과인 8을 써 넣는다. 이때, 8은 08이라고 할 수 있으므로 대각선 위쪽에 0을 쓰고 밑에 8을 써 넣는다. 이와 같은 방법으로 격자무늬의 나머지 부분도 채워 넣는다. 격자무늬에서 사선을 바깥으로 연장한 후 사선 안의 수를 더하여 적으면 왼쪽부터 차례로 2, 8, 11, 4이다. 이제 사선의 숫자를 왼쪽부터 차례로 적는다. 이때 사선의 수를 더하여 나온 값이 두 자리 수인 경우에는 올림으로 계산한다. 즉, 사선을 따라 더한 결과가 모두 4개이므로 처음 2는 1000의 자리, 8은 100의 자리, 11은 10의 자리, 6은 1의 자리이다. 따라서 62×47=2914이다.

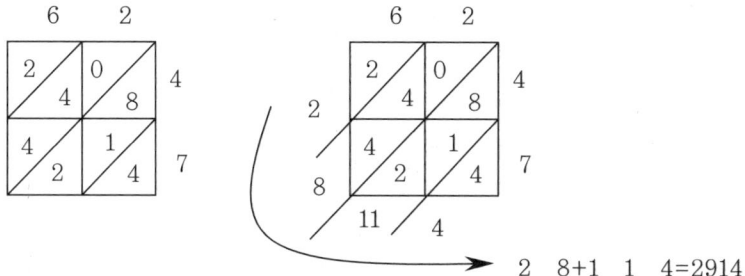

겔로시아로 좀 더 복잡한 경우인 2375×127을 계산하면 아래 그림과 같이 301625이다.

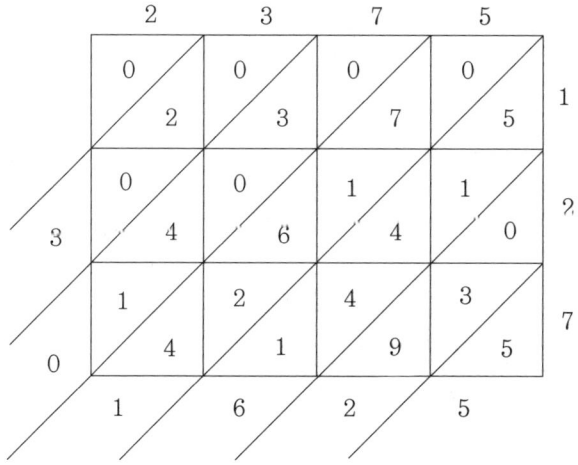

그런데 이것은 곱하는 두 수 2375와 127의 자릿수를 생각하여 곱한 결과를 격자에 쓰면 다음과 같다.

	2000	300	70	5	
	200000	30000	7000	500	100
	40000	6000	1400	100	20
	14000	2100	490	35	7

이와 같은 방법으로 두 다항식의 곱을 할 수 있다. 예를 들어

$3x^2 - 5x + 4$와 $2x - 7$의 곱 $6x^2 - 31x^2 + 43x - 28$

을 다음과 같이 겔로시아를 이용하여 구할 수 있다.

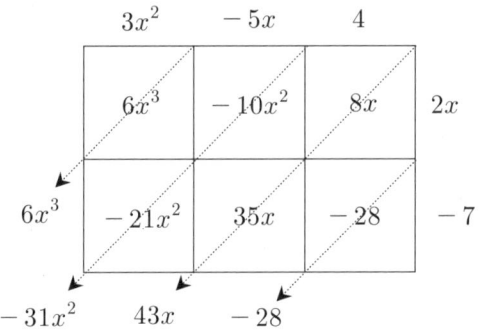

$$(3x^2 - 5x + 4)(2x - 7) = (3x^2) \times (2x)$$
$$+ \{(-5x) \times (2x) + (3x^2) \times (-7)\}$$
$$+ \{4 \times (2x) + (-5x) \times (-7)\}$$
$$+ 4 \times (-7)$$

$$= 6x^3 - 31x^2 + 43x - 28$$

그런데 겔로시아를 이용하면 다항식의 곱뿐만 아니라 나눗셈도 쉽게 할 수 있다. 앞의 예로부터 다항식 $6x^2 - 31x^2 + 43x - 28$를 $2x - 7$로

나누면 몫은 $3x^2-5x+4$임을 알 수 있고, 이것을 겔로시아를 이용하여 구해보자.

겔로시아를 이용한 다항식의 나눗셈을 설명하기 위하여 먼저 겔로시아의 각 격자에 행렬과 비슷하게 번호를 붙이자.

다항식의 나눗셈

$$(6x^2-31x^2+43x-28)\div(2x-7)=3x^2-5x+4$$

에 대하여 아래 왼쪽 그림과 같이 나눠지는 다항식

$$6x^2-31x^2+43x-28$$

을 격자의 아래에, 나누는 다항식을 격자의 오른쪽에 열로 쓰고, 몫의 다항식의 각 항을 각각 a, b, c로 표시하여 격자의 맨 위쪽에 쓰자.

	a	b	c	
	g_{11}	g_{12}	g_{13}	$2x$
$6x^3$	g_{21}	g_{22}	g_{23}	-7
	$-31x^2$	$43x$	-28	

이때 나눠지는 다항식의 상수항을 격자보다 한 칸 앞에 쓰는 것은 겔로시아에서는 대각선으로 합하기 때문이다. 합을 대각선으로 구하는 이 유로부터 $g_{11}=6x^3$임을 알 수 있다. 그리고 $2x$에 어떤 다항식을 곱하여 $6x^3$이 되어야 하므로 격자의 맨 위에 써야 할 첫 번째 다항식은 $a=3x^2$이다. 즉, $(3x^2)\times 2x=6x^3$이다.

원리와 개념을 잡아주는 수학법칙

	$3x^2$	b	c	
	$6x^3$	g_{12}	g_{13}	$2x$
$6x^3$	g_{21}	g_{22}	g_{23}	-7
	$-31x^2$	$43x$	-28	

겔로시아의 계산법에 의하면

$$g_{21} = (3x^2) \times -7 = -21x^2$$

이고, 대각선의 합

$$g_{12} + g_{21} = -31x^2$$

이어야 하므로

$$g_{12} = -10x^2$$

이다. 이때

$$b \times (2x) = g_{12}$$

이고

$$g_{12} = -10x^2$$

이므로

$$b = -5x$$

이다.

$$b = -5x$$

이므로

Chapter 5 다항식과 방정식

$$g_{22} = b \times (-7) = (-5x) \times (-7) = 35x$$

이고,

$$g_{13} + g_{22} = 43x$$

이므로

$$g_{13} = 8x$$

이다.

따라서 $c = 4$, $g_{23} = -28$이다.

이와 같이 차례로 계산하면 다음과 같이 겔로시아가 완성되고 $(6x^2 - 31x^2 + 43x - 28) \div (2x - 7) = 3x^2 - 5x + 4$임을 알 수 있다.

	$3x^2$	$-5x$	4	
	$6x^3$	$-10x^2$	$8x$	$2x$
$6x^3$	$-21x^2$	$35x$	-28	7
	$-31x^2$	$43x$	-28	

이와 같은 방법으로 $4x^3 - 8x^2 + 5x + 11$을 $2x^2 - 5x + 4$로 나누는 경우를 구해보자. 먼저 겔로시아를 그리는데, 나눠지는 다항식이 3차이므로 항은 모두 4개이다. 따라서 겔로시아의 열은 적어도 4개가 되어야 한다. 또 나누는 다항식이 2차이므로 항은 모두 3개이므로 겔로시아의 행은 3개가 되어야 한다. 즉 다음과 같이 그릴 수 있다.

원리와 개념을 잡아주는 수학법칙

				$2x^2$
$4x^3$				$-5x$
$-8x^2$				4
$5x$	11			

앞에서와 마찬가지로 대각선으로 합을 하며 각 격자를 채워 가면 다음 그림과 같이 겔로시아가 완성된다. 따라서 $4x^3 - 8x^2 + 5x + 11$을 $2x^2 - 5x + 4$으로 나누면 몫이 $2x + 1$이고 나머지가 $2x + 7$임을 알 수 있다. 즉, 다음이 성립한다.

$$4x^3 - 8x^2 + 5x + 11 = (2x+1)(2x^2 - 5x + 4) + (2x + 7)$$

	$2x$	1			
	$4x^3$	$2x^2$	$2x$	7	$2x^2$
$4x^3$	$-10x^2$	$-5x$			$-5x$
$-8x^2$	$8x$	4			4
$5x$	11				

Chapter 5 다항식과 방정식

겔로시아 곱셈법으로 다항식의 나눗셈을 하다보면 가장 실수하기 쉬운 것이 바로 다항식의 차수에 맞게 자릿값을 지키는 것이다. 예를 들어 $x^4 + 7x^2 + 8$ 을 $x^2 + 2$로 나눌 경우 $x^4 + 7x^2 + 8 = x^4 + 0x^3 + 7x^2 + 0x + 8$을 $x^2 + 2 = x^2 + 0x + 2$로 나누어야 하므로 다항식에 없는 항은 다음과 같이 겔로시아의 격자에 0을 써넣어야 한다. 그러면 그 결과는 몫이 $x^2 + 5$이고 나머지가 -2임을 알 수 있다.

즉, 다음이 성립한다.

$$x^4 + 7x^2 + 8 = (x^2 + 5)(x^2 + 2) - 2$$

	x^2	$0x$	5			
	x^4	$0x^3$	$5x^2$	$0x$	-2	x^2
x^4	$0x^3$	$0x^2$	$0x$			$0x$
$0x^3$	$2x^2$	$0x$	10			2
	$7x^2$	$0x$	8			

겔로시아가 다항식의 곱셈과 나눗셈을 쉽게 할 수 있는 훌륭한 도구가 되는 것이 틀림없지만 곱하거나 나누기를 할 때, 다항식의 차수에 맞게 격자를 그려야 한다는 불편함이 있다. 따라서 차수가 높은 다항식의 곱셈과 나눗셈을 수행할 때 겔로시아는 유용하지 않다. 그러나 흥미로운 방법이므로 한 번씩 시도해보는 것도 즐거운 수학탐험이 될 것이다.

원리와 개념을 잡아주는 수학법칙

02 삼차방정식의 해법

▶ 삼차방정식의 대수적 해법

16세기의 가장 극적인 수학적 성취는 이탈리아 수학자들의 삼차방정식과 사차방정식의 대수적 해법의 발견이다. 1515년경에 볼로냐(Bologna) 대학의 수학교수였던 페로(S. Ferro)가 $x^3 + mx = n$꼴의 삼차방정식을 대수적으로 풀었으나 결과를 발표하지 않은 채 제자인 피어(A. Fior)에게 그 비밀을 알려주었다. 한편 1535년경에 브레시아(Bresia)의 폰타나(N. Fontana, 흔히 타르탈리아(Tartaglia)라고 함)가 $x^3 + px^2 = n$꼴의 삼차방정식의 대수적 해법을 발견했다고 주장했다. 그러나 피어는 이것이 거짓이라고 생각하고 폰타나에게 삼차방정식을 푸는 공개 시합을 제안했다. 폰타나는 더욱 열심히 연구하여 시합이 열리기 며칠 전에 이차항이 없는 삼차방정식의 대수적 해법도 발견했다. 문제 풀기 시합에서는 두 종류의 삼차방정식 문제가 출제되었는데 피어는 그중 한 문제만 풀었으나 폰타나는 모두 풀어 승리했다.

그 후 카르다노(G. Cardano)가 폰타나에게 비밀을 지킬 것을 맹세하고 해법을 알아냈다. 그러나 1545년에 카르다노는 <위대한 술법>이라는 대수학 책을 출판하며 삼차방정식의 해법을 소개했다. <위대한 술법>에 실려 있는 삼차방정식 $x^3 + mx = n$의 해법은 다음과 같다.

항등식
$$(a-b)^3 + 3ab(a-b) = a^3 - b^3$$

에서 $3ab = m$, $a^3 - b^3 = n$으로 놓으면 $x = a - b$로 주어진다. 이 마지막 두 방정식을 a, b에 관하여 연립하여 풀면

$$a = \sqrt[3]{\frac{n}{2} + \sqrt{\left(\frac{n}{2}\right)^2 + \left(\frac{m}{3}\right)^3}}, \quad b = \sqrt[3]{-\frac{n}{2} + \sqrt{\left(\frac{n}{2}\right)^2 + \left(\frac{m}{3}\right)^3}}$$

이므로 x를 구할 수 있다.

폰타나는 카르다노에게 항의했고, 삼차방정식의 해법을 누가 먼저 발견했느냐를 두고 재판이 열리게 되었다. 이 재판에서는 이길 자신이 없던 카르다노는 자신의 제자를 내세워 폰타나에게 이겼다. 그러나 폰타나와 카르다노의 이런 재판 이전인 11세기말경에 이미 아라비아에서는 삼차방정식의 해법이 알려져 있었다.

▶ 삼차방정식의 기하적 해법

아라비아에서 삼차방성식의 해법은 오마르 하이얌(Omar Khayyam)이 기하학적으로 얻었다. 오마르는 놀랍도록 정교하게 개정한 달력으로 유명하며, 양의 실근을 갖는 모든 형태의 삼차방정식을 기하학적으로 풀었다.

우선 세 실수 a, b, c에 대하여 이차방정식

$$ax^2 + bx + c = 0 \ (a \neq 0)$$

의 근은 다음과 같은 근의 공식으로 구할 수 있다.

$$x = \frac{-b \pm \sqrt{b^2 - 4ac}}{2a}$$

그러나 삼차방정식은 이와 같이 간단히 구할 수 없다.

원리와 개념을 잡아주는 수학법칙

세 실수 p, q, r에 대하여 삼차방정식

$$y^3 + py^2 + qy + r = 0$$

에서

$$y = \left(x - \frac{p}{3}\right)$$

라 하고 $a = \frac{1}{3}(3q - p^2)$, $b = \frac{1}{27}(2p^3 - 9pq + 27r)$라 하면 주어진 삼차방정식은 표준형 $x^3 + ax + b = 0$의 꼴로 나타낼 수 있다. 표준형의 각 항의 계수 a, b에 대하여 A, B를 다음과 같다고 하자.

$$A = \sqrt[3]{-\frac{b}{2} + \sqrt{\frac{b^2}{4} + \frac{a^3}{27}}}, \quad B = \sqrt[3]{-\frac{b}{2} - \sqrt{\frac{b^2}{4} + \frac{a^3}{27}}}$$

그러면 허수 단위 $i = \sqrt{-1}$에 대하여 삼차방정식의 표준형 $x^3 + ax + b = 0$의 3개의 근 x_1, x_2, x_3는 각각 다음과 같다.

$$x_1 = A + B, \quad x_2, \, x_3 = -\frac{1}{2}(A+B) \pm \frac{i\sqrt{3}}{2}(A-B)$$

이렇게 복잡한 삼차방정식의 해법을 오마르는 기하학적인 방법으로 해결했다.

세 실수 a, b, c에 대하여 삼차방정식

$$x^3 - cx^2 + b^2x + a^3 = 0$$

에 대한 오마르의 기하학적인 해법을 알아보자. 이 방법은 어렵게 보이지만 식만 복잡할 뿐 생각만큼 어렵지는 않다. 그냥 주어진 차례대로 확인만 하면 된다.

어쨌든 주어진 삼차방정식

$$x^3 - cx^2 + b^2x + a^3 = 0$$

은 $x^3 + b^2x + a^3 = cx^2$과 같으므로 $x^3 + b^2x + a^3 = cx^2$의 해를 구하면 된다.

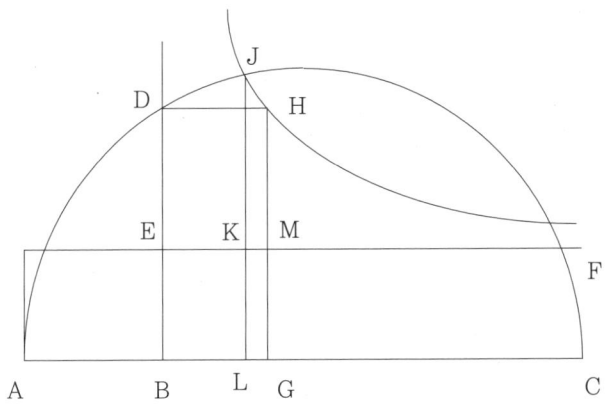

위 그림과 같이 세 실수 a, b, c에 대하여 $AB = \dfrac{a^3}{b^2}$와 $BC = c$인 세 점 A, B, C를 한 직선 위에 잡은 후 $\overline{AC}$를 지름으로 하는 반원을 그린다. 점 B에서 $\widehat{AC}$로 수선을 올렸을 때 만나는 점을 D라고 하자. BD 위에 $BE = b$인 점 E를 표시하고 점 E를 지나며 AC와 평행인 직선 EF를 그린다. 이때 $(BG)(DE) = (BE)(AB)$인 BC 위의 점 G를 구하여 직사각형 DBGH를 만든다. 또 H를 지나면서 EF와 ED를 각각 점근선으로 갖는 쌍곡선을 그린다. 즉 H를 지나면서 EF와 ED를 각각 x-축과 y-축으로 생각했을 때 그 방정식이 '$xy = $(상수)'인 쌍곡선을 그린다. 이 쌍곡선이 반원과 만나는 점을 J라고 하자. 또 점 J를 지나면서 DE와 평행한 직선이 EF와 만나는 점을 K라 하고, BC와 만나는 점을 L이라고 하자. 또 GH와 EF가 만나는 점을 M이라 하자.

그러면 다음과 같은 차례로 BL이 주어진 삼차방정식의 근임을 보일 수 있다.

① J와 H가 쌍곡선 위에 있으므로 $EK : EM = KJ : MH$ 이므로
$$(EK)(KJ) = (EM)(MH)$$

② $ED : BE = AB : BG$ 이므로
$$(BG)(ED) = (BE)(AB)$$

③ $EM = BG$ 이고 $MH = ED$ 이므로
$(EM)(MH) = (BG)(ED)$ 이다. 따라서 ①과 ②로부터
$$(EK)(KJ) = (EM)(MH) = (BG)(ED) = (BE)(AB)$$

④ $BL = EK$ 이고 $LJ = LK + KL$ 에서 $LK = BE$ 이므로
$$(BL)(LJ) = (EK)(BE + KJ)$$
$$= (EK)(BE) + (EK)(KJ)$$

⑤ ③에서 $(EK)(KJ) = (BE)(AB) = (AB)(BE)$ 이고
$EK + AB = AL$ 이므로
$$(EK)(BE) + (EK)(KJ) = (EK)(BE) + (AB)(BE)$$
$$= (BE)(EK + AB)$$
$$= (BE)(AL)$$

⑥ ④에서 $(EK)(BE) + (EK)(KJ) = (BL)(LJ)$ 이므로 ⑤로부터
$$(BL)^2(LJ)^2 = (BE)^2(AL)^2$$

⑦ 원의 성질로부터 $(LJ)^2 = (AL)(LC)$ 이므로 ⑥으로부터
$$(BL)^2(LJ)^2 = (BL)^2(AL)(LC) = (BE)^2(AL)^2$$

따라서 다음이 성립한다.

$$\therefore \ (BE)^2(AL) = (BL)^2(LC)$$

⑧ $(BE)^2(AL) = (BL)^2(LC)$,

$AL = BL + AB$, $LC = BC - BL$ 이므로 ⑦로부터

$$(BE)^2(BL + AB) = (BL)^2(BC - BL)$$

⑨ ⑧에서 얻은 식에 $BE = b$, $AB = \dfrac{a^3}{b^2}$, $BC = c$를 대입하면 다음 방정식을 얻는다.

$$b^2(BL + \dfrac{a^3}{b^2}) = (BL)^2(c - BL)$$

⑩ ⑨의 방정식을 전개하면

$$b^2(BL) + a^3 = c(BL)^2 - (BL)^3$$ 이고, 우변의 $(BL)^3$을 좌변으로 이항하면

$$(BL)^3 + b^2(BL) + a^3 = c(BL)^2$$

이 식에서 $(BL) = x$가 주어진 삼차방정식

$$x^3 + b^2 x + a^3 = cx^2$$

의 근이다.

예를 들어

$$a = 2, \ b = \sqrt{2}, \ c = 5$$

라면 삼차방정식은 $x^3 + 2x + 8 = 5x^2$이므로 세 근은 $2, 4, -1$을 찾을 수 있다. 그런데 BL은 길이이므로 음수가 될 수 없다. 따라서 이 삼차방정식의 한 근 -1은 오마르의 기하학적 방법으로는 구할 수 없게 된

다. 사실 오마르 시대에는 음수는 근으로 인정하지 않았다.

▶ 사차방정식의 근의 공식

사차방정식의 해법도 역사적인 과정이 있었지만 여기서는 간단히 근의 공식만 소개한다.

사차방정식
$$y^4 + py^3 + qy^2 + ry + s = 0$$
은 $y = x - \dfrac{p}{4}$ 라 하면 다음과 같은 꼴로 나타낼 수 있다.
$$x^4 + ax^2 + bx + c = 0 \qquad \cdots\cdots(※)$$

l, m, n이 다음 삼차방정식
$$t^3 + \dfrac{a}{2}t^2 + \dfrac{a^2 - 4c}{16}t - \dfrac{b^2}{64} = 0$$
의 해일 때 (※)의 해는
$$x_1 = \pm(-\sqrt{l} - \sqrt{m} - \sqrt{n}),$$
$$x_2 = \pm(-\sqrt{l} + \sqrt{m} + \sqrt{n}),$$
$$x_3 = \pm(\sqrt{l} - \sqrt{m} + \sqrt{n}),$$
$$x_4 = \pm(\sqrt{l} + \sqrt{m} - \sqrt{n})$$
이다. 단, 복호 ±는 $b > 0$일 때 +이고 $b < 0$일 때 −이다.

수학에 있어서 아라비아인들의 기여는 대단한 것이었다. 그러나 오마르를 비롯한 몇몇 사람을 제외하고는 대부분의 아라비아인들은 새로운 수학을 창조하지는 못했다. 그들은 중세의 암흑시대에 세계의 많은 지적 재산을 잘 관리하여 후대의 유럽인들에게 넘겨줌으로써 인류의 지적

발달과 발전에 큰 기여를 했다.

　아라비아인들은 고대의 지식을 중세에 전하며 여러 가지 수학적 용어를 만들어 내기도 하였다. 수학에서 사용되는 전문 용어들은 그 수가 굉장히 많은데, 그 중에는 원래의 뜻과는 전혀 관계없는 어원을 갖는 경우도 종종 있다. 그러나 '대수학(Algebra)' 같이 그 용어가 뜻하고 있는 것과 유사한 것도 있다. 사실 Algebra는 아라비아의 수학자 알-콰리즈미(al-Khowa'rizmi)의 논문인 <재결합과 대립의 과학(Hisa'b al-jabr w'al-muqa'-balah)>에서 방정식과 과학의 동의어인 'al-jabr'란 단어에서 유래되었다. 또, '알고리즘(Algorithm)'은 알-콰리즈미의 책에서 유래되었는데, 그의 책 원본은 현존하지는 않지만 1857년 그의 라틴어 번역본이 발견되었고, 그 책의 서두에 "알고리트미(algoritimi)가 말하기를..." 이란 말이 나오는데 이것은 알-콰리즈미의 이름이 알고리티미로 변하고 이것이 다시 알고리즘으로 변하여 지금의 알고리즘이 되었다.

　삼각함수의 사인(sine)에 관한 것이 원래의 뜻과는 전혀 관계없이 전해진 대표적인 예이다. 원주율에 대한 근삿값을 준 6세기경에 활동한 인도 수학자 아리아바타(A'ryabhata)가 '반현(ardha'-jya)'을 '현(jha)'이라 줄여서 삼각함수 중 사인(sin)을 표현하였다. 사인을 의미했던 '반현'의 아라비아어의 의미는 '사냥꾼의 활의 현'이라는 뜻이다. 나중에 이것을 아라비아인들이 발음 나는 대로 'j'iba'로 사용하다가 모음을 생략하는 아라비아인들의 특성에 의하여 'jb'라고 표기하였다. 그 후에 여러 저자들이 'jaib'로 대체하였는데 이것은 '협곡' 또는 '만'이라는 뜻이었고, 이 단어를 라틴어로 번역하여 'sinus'로 사용하였다. 이것이 현재 사

용하고 있는 사인의 기원이 되었다.

또 코사인(cos)은 처음에는 사인에 대하여 '나머지의 현(chorda residui)'으로 1120년경서부터 부르기 시작했다. 그 후 1579년에는 같은 뜻으로 'sinus residuae'라고 쓰였고 1609년에는 '제2의 현'이란 뜻으로 'sinus secundus'라고 쓰이기도 하였다. 그러나 오늘날과 같은 용어에 가까운 것을 최초로 사용한 것은 영국의 건터(Gunter)로 1620년경에 co. sinus로 표기하였다. 그 후에, 죤 뉴턴(John Newton)이 1658년에 'cosinus'라 썼으며 1674년에 무어(Moore)가 cos로 쓰고서부터 지금까지 사용되고 있다.

참고문헌

1. Howard Eves, 이우영, 신항균 역, 수학사, 경문사, 2002.

2. Howard Eves, 허민, 오혜영 역, 수학의 위대한 순간들, 경문사, 1994.

3. John Stillwell, Mathematics and Its History, Springer, 2000.

Chapter 6

도형의 변신

원리와 개념을 잡아주는 수학법칙

원리와 개념을 잡아주는 수학법칙

01 정삼각형의 변신

　수학교과서에서 정삼각형만큼 많이 등장하는 도형도 흔치 않다. 실제로 정삼각형의 성질만 잘 알고 있어도 교과서의 많은 내용들은 쉽게 이해할 수 있다. 잘 알다시피 정삼각형의 수학적 정의는 '세 변의 길이가 같은 삼각형'이고, 이 정의로부터 '세 각의 크기가 같으면 정삼각형이다.'라는 정리를 얻을 수 있다. 특히 한 변의 길이가 a인 정삼각형의 둘레의 길이는 $3a$, 넓이는 $\frac{\sqrt{3}}{4}a^2$, 외접원의 반지름은 $\frac{\sqrt{3}}{3}a$, 내접원의 반지름은 $\frac{\sqrt{3}}{6}a$, 높이는 $\frac{\sqrt{3}}{2}a$임을 알 수 있다.

　하지만 정삼각형에는 이런 사실 이외에도 흥미로운 사실들이 많다. 그 가운데 하나가 '폼페이우의 정리(Pompeiu's Theorem)'이다. 1936년에 루마니아 수학자인 폼페이우(D. Pompeiu)에 의하여 처음으로 밝혀진 이 성질은 간단하지만 매우 흥미로운 데, 신기하게도 당시까지 뛰어났다고 알려져 있던 어떤 수학자들조차도 발견하지 못한 것이었다. 정삼각형의 다른 성질에 묻혀 드러내지 않고 있던 이 성질은 사각형에 대한 프톨레마이오스의 정리(Ptolemy's Theorem)로부터도 얻을 수 있다. 여기서는 폼페이우의 정리를 먼저 알아보고 마지막에 프톨레마이오스의 정리를 소개한다.

Chapter 6 도형의 변신

▶ **폼페이우의 정리**

정삼각형 ABC의 외접원 위에 있지 않은 점 P를 잡으면 각 변의 길이가 PA, PB, PC인 삼각형을 그릴 수 있다. 만약 점 P가 외접원 위에 있다면 세 선분 중 하나는 다른 두 선분의 길이의 합과 같다.

▶ **증명**

이 정리가 성립한다는 것을 확인하기 위하여 다음 그림과 같이 정삼각형 ABC를 C를 중심으로 하여 시계방향으로 60° 회전시킨 삼각형을 생각하자.

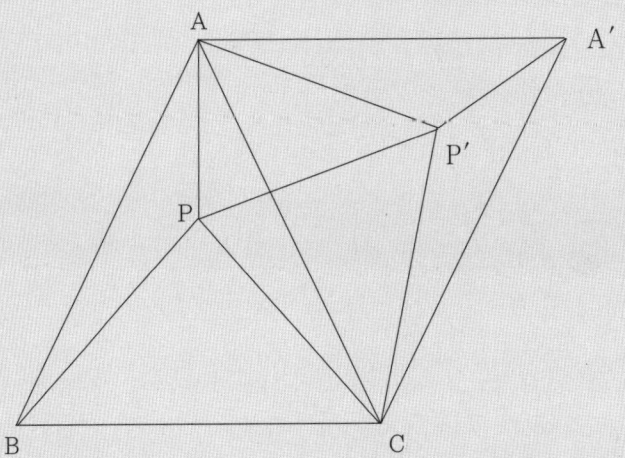

새로 만들어진 정삼각형 AA'C에서 A'은 A로부터, P'은 P로부터, A는 B로부터 옮겨진 점이다. 이때 삼각형 APP'에서 P'A는 PB로부터 옮겨진 선분이므로 P'A= PB이다.

또 P'C는 $\overline{PC}$를 60° 회전하여 얻어진 변이므로 P'C = PC이고 ∠PCP' = 60°이다. 따라서 삼각형 PP'C는 꼭지각이 60°인 이등변삼각형이므로 정삼각형이다.

따라서 삼각형 PP'A의 각 변은 PA, PB, PC로 이루어져 있다.

이제 삼각형 APP'가 만들어지지 않는다고 가정해 보자. 즉, 세 점 A, P, P'가 한 직선 위에 있게 되는 경우를 생각해 보자. 만약 점 P가 정삼각형 ABC내부에 있다면 앞에서와 같은 성질이 성립하므로 점 P는 다음 그림과 같이 정삼각형의 외부에 있게 된다.

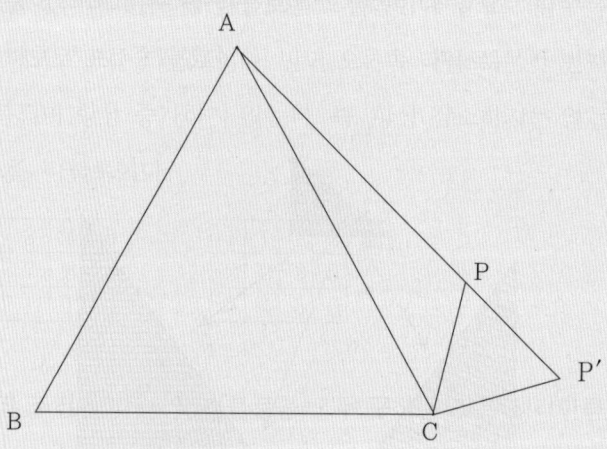

점 A가 직선 PP' 위에 있고 삼각형 PP'C가 정삼각형이므로 점 P가 A와 P' 사이에 있다면 ∠APC = 120°, 그렇지 않다면 60°이다. 즉, 세 점 A, P, P'가 한 직선 위에 있을 필요충분조건은 점 P가 외접원 위에 있을 때이다.

만약 P가 $\overparen{BC}$ 위에 있다면 PA = PB+PC, P가 $\overparen{AC}$ 위에 있다면 PB = PA+PC, P가 $\overparen{AB}$위에 있다면 PC = PA+PB이다.

Chapter 6 도형의 변신

이 정리의 역도 성립한다.

> ▶ **폼페이우의 정리의 역**
> 삼각형 ABC의 내부에 있는 어떤 점 P에 대하여 세 변이 PA, PB, PC인 삼각형을 만들 수 있다면 삼각형 ABC는 정삼각형이다.

> ▶ **증명**
> 삼각형 ABC가 정삼각형이 아니라고 가정하자. 일반성을 잃지 않고 삼각형의 세 꼭짓점 A, B, C에 대하여 $AB < BC$이고 $a = BC - AB$라 하면 거리함수의 연속성 때문에 삼각형 ABC 내부에서 다음을 만족하는 점 P를 항상 택할 수 있다.
> $$PB < \frac{a}{4}, \quad PA - AB < \frac{a}{4}, \quad BC - PC < \frac{a}{4}$$
>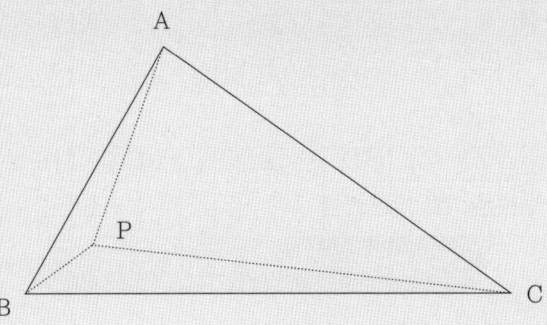

원리와 개념을 잡아주는 수학법칙

그러면

$$PA + PB < AB + \frac{a}{2}$$
$$= BC - \frac{a}{2} < BC - \frac{a}{2} < BC - \frac{a}{4} < PC$$

이므로 PA, PB, PC는 삼각형의 세 변이 될 수 없다.
따라서 삼각형 ABC의 내부에 있는 어떤 점 P에 대하여 세 변이 PA, PB, PC인 삼각형을 만들 수 있다면 삼각형 ABC는 정삼각형이다.

폼페이우의 정리로부터 다음과 같은 성질을 얻을 수 있다.

▶ 정리

정삼각형 ABC의 내부에 점 P를 잡자. 이때 새로운 삼각형 XYZ을 만드는데, 각 꼭짓점 X, Y, Z는
$$XY = PC, \ YZ = PA, \ ZX = PB$$
을 만족하는 점이다.
점 M이 $\angle XMY = \angle YMZ = \angle ZMX = 120°$을 만족하는 삼각형 XYZ 내부의 점이라면
$$AB = XM + YM + ZM$$
이 성립한다.

Chapter 6 도형의 변신

▶ 증명

이 정리의 증명은 폼페이우의 정리의 증명에서 사용되었던 정삼각형에 관한 그림을 참고해야 한다. 앞의 그림에서 정삼각형 ABC의 꼭짓점 A는 삼각형 XYZ에서 꼭짓점 X로, 점 P는 꼭짓점 Z로, 점 P′은 꼭짓점 Y로 바꾸어 다음 그림과 같이 생각하면 쉽게 이해할 수 있다.

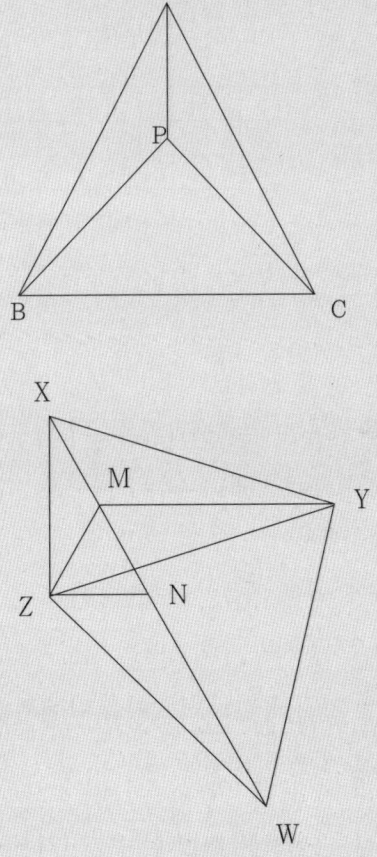

위 그림에서 삼각형 ZMY는 점 Z를 중심으로 하여 시계방향으로 60° 회전하여 삼각형 ZNW를 얻었다. 그러면 ZM = ZN이고 ∠MZN = 60°이므로 삼각형 ZMN은 정삼각형이다. 또 ZY = ZW이고 ∠YZW = 60°이므로 삼각형 ZWY도 정삼각형이다. 따라서 ZM = MN이고, YW = YZ이다. 한편 ∠ZMN = ∠ZNM = 60°이므로 ∠XMZ = ∠ZNW = 120°이다. 즉, 두 점 M, N은 한 직선 위에 있다.
따라서 XW = XM + YM + ZM이다.
그런데
  XW = AC
이고
  AC = AB
이므로
  XW = AB = XM + YM + ZM

앞에서 폼페이우의 정리가 프톨레마이오스의 정리로부터 얻을 수 있다고 소개했었다. 이제 프톨레마이오스의 정리를 소개한다.

고대 그리스의 천문학자이자 수학자이며 톨레미라고도 하는 프톨레마이오스는 <수학대계>라는 책을 저술했다. 이 책은 제목만 얼핏 보면 수학책인 것으로 생각하겠지만 수학보다는 천문학을 주로 다룬 천문학 책이다. 이 책에는 몇 가지 흥미로운 수학을 다루고 있는데, 그 가운데 원에 내접하는 사각형에 관한 성질도 다루고 있다. 사실 프톨레마이오스의 정리는 현재 중학교 과정에서 배우는 원주각의 활용에서 자주 등장하는 문제이기도 하다.

Chapter 6 도형의 변신

▶ **정리**

프톨레마이오스의 정리 : 원에 내접하는 임의의 사각형 ABCD에 대하여 다음과 같은 관계식을 얻을 수 있다. 또 이 역도 성립한다. 즉, 이상의 등식을 만족하는 사각형 ABCD는 원에 내접한다.

$$AC \cdot BD = AB \cdot CD + BC \cdot AD$$

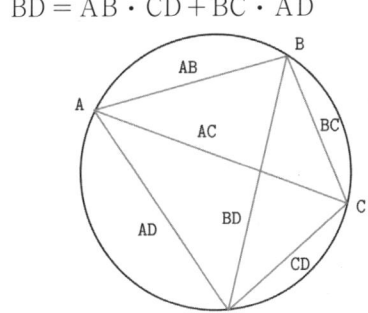

▶ **증명**

프톨레마이오스 정리에 대한 많은 증명 방법 가운데 여기서는 가장 간단한 방법으로 증명해 보자.

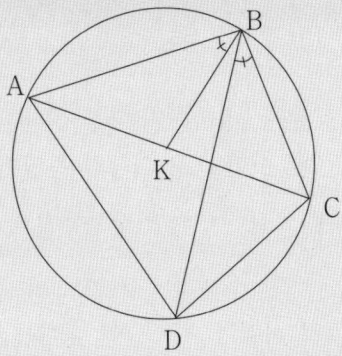

원에 내접하는 임의의 사각형 ABCD에 대하여 원주각의 성질로부터 $\angle BAC = \angle BDC$, $\angle ADB = \angle ACB$임을 알 수 있다.

AC 위에 ∠ABK = ∠CBD를 만족하는 점 K를 잡으면 다음과 같은 관계식이 성립한다.

∠ABK + ∠CBK = ∠ABC
　　　　　　　= ∠CBD + ∠ABD,
∠CBK = ∠ABD

또 △ABK ∝ △DBC, △ABD ∝ △KBC이므로 다음이 성립한다.

$$\frac{AK}{AB} = \frac{CD}{BD},\ \frac{CK}{BC} = \frac{DA}{BD}$$

따라서 다음이 성립한다.

AK · BD = AB · CD,　CK · BD = BC · DA

이 두 식을 더하면

AK · BD + CK · BD = AB · CD + BC · DA

이므로 이 식을 정리하면 다음과 같다.

(AK + CK) · BD = AB · CD + BC · DA

그런데 AK + CK = AC이므로,

AC · BD = AB · CD + BC · AD

엄밀히 말하면 이 증명은 AC 위에서 ∠ABK = ∠CBD를 만족하는 점 K를 잡을 수 있는 경우에만 적용 가능한 증명이다. 만약 K를 잡는 것이 불가능한 경우에는 K를 AC의 연장선상에 놓고 마찬가지 방법으로 증명하면 된다.

한편, 보다 일반적으로 사각형 ABCD에 대해서 다음 부등식이 성립한다.

AC · BD ≤ AB · CD + BC · AD

이 부등식을 프톨레마이오스 부등식(Ptolemy's Inequality)이라 하는데, 이 부등식에서 등호가 성립할 필요충분조건은 사각형 ABCD가 원에 내접하는 것이다. 따라서 프톨레마이오스 정리는 이 부등식의 특수한 경우가 된다. 또 폼페이우의 정리는 원에 내접하는 삼각형의 경우이므로 사각형에서 한 꼭짓점 D가 꼭짓점 C와 일치하는 경우인 것이다.

도형 가운데 가장 단순한 정삼각형에도 이와 같이 복잡하고 어려운 성질들이 많이 숨어 있다. 그리고 폼페이우의 정리와 같이 밝혀지기를 기다리며 몇 천 년 동안 숨어있던 것들도 있다. 아무리 뛰어난 수학자들이라고 하더라도 모든 것을 밝혀낼 수는 없다. 그러니 이미 누가 발견했을 것이라는 생각을 버리고 간단한 것이라도 하나씩 찾아가보자.

또 누가 알겠는가? 여러분들의 이름이 붙은 정리를 발견하여 후대에 길이 이름을 남길지.

지금 바로 도전해 보시길!

02 정칠각형

많은 수 가운데 7은 독특한 수이다. 7은 첫 번째 삼각수 3과 첫 번째 사각수 4의 합이고, 어떤 다른 수에 의하여 나누어떨어지지 않기 때문에 '요새' 또는 '아크로폴리스'를 나타내며 자연에서의 질서를 나타낸다. 이를테면 달의 7개의 상, 아틀라스의 7명의 딸, 머리, 목, 몸통, 두 팔, 두 다리의 7 부분으로 나뉜 사람의 몸, 고대 그리스의 일곱 중 리라, 유아기, 아동기, 소년기, 청년기, 성년기, 장년기, 노년기의 7단계로 나뉜 인간의 일생 등이 있다.

1부터 10까지의 수로부터

$$1 \times 2 \times 3 \times 4 \times 5 \times 6 \times 7 = 7 \times 8 \times 9 \times 10 = 5040$$

이므로 7은 연결을 의미하지만, 양변의 7을 빼면 곱의 결과는 720으로 같게 되므로 단절을 의미하기도 한다. 특히 피타고라스학파는 7을 '처녀수'라고 불렀다. 그들이 7을 처녀수라고 부른 이유는 2는 4와 6과 8과 10을 나누고, 3은 6과 9, 4는 8, 5는 10을 나눌 수 있고, 6은 2와 3, 8은 2와 4, 9는 3, 10은 2와 5를 인수로 갖고 있으며, 1부터 10까지에서 처음 수인 1을 제외하고 모두 연결되어 있지만 7보다 작은 어떤 수로도 7을 만들 수도 나누어떨어뜨릴 수도 없으므로 7은 다른 수에 의하여 손상되지 않기 때문이라고 했다.

7에 관하여 가장 흥미로운 것은 정7각형의 여러 가지 성질이다. 정7각형은 우주의 창조과정을 반영한 기하학자의 세 가지 도구인 컴퍼스와 자, 그리고 연필만으로는 작도할 수 없는 최초의 정다각형이다. 그러나 대강 그릴 수는 있다.

Chapter 6 도형의 변신

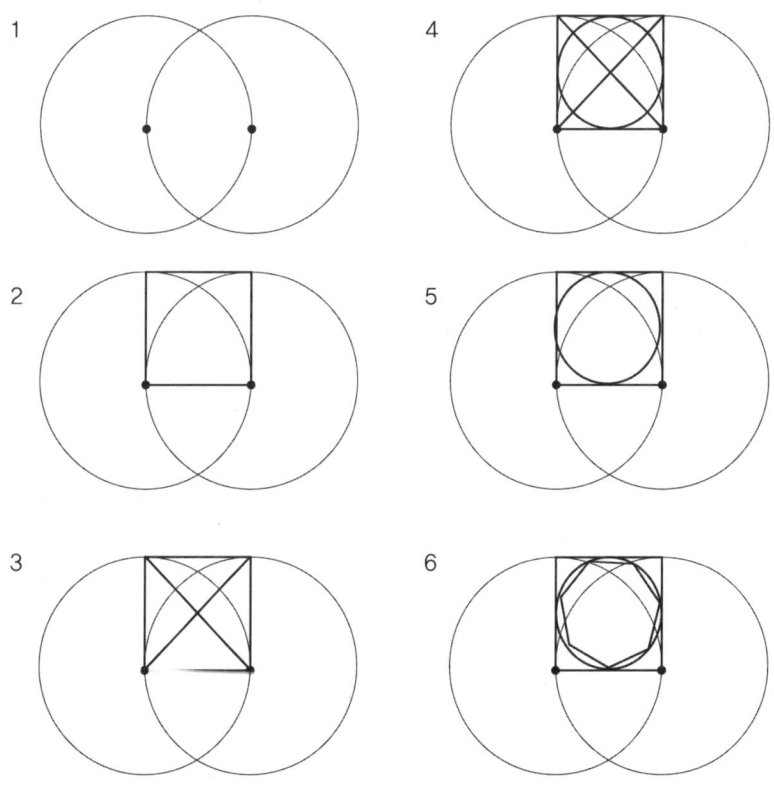

먼저 위의 1번 그림과 같이 반지름의 길이가 같은 중심을 서로 지나게 두 원을 그린다. 2번 그림과 같이 반지름을 한 변으로 하는 정사각형을 그리고, 3번 그림과 같이 정사각형의 대각선을 긋는다. 4번 그림과 같이 정사각형의 대각선이 만나는 점을 중심으로 하며 정사각형에 내접하는 원을 그린다. 그러면 5번 그림에서와 같이 처음 그린 큰 두 원과 나중에 그린 작은 원이 만나는 점을 선분으로 잇고, 컴퍼스의 팔을 벌려 이 두 점 사이의 거리를 잰다. 이것이 정7각형의 한 변의 길이이다. 6번

그림과 같이 컴퍼스의 팔 간격을 그대로 유지한 채, 원 주위를 돌면서 같은 간격으로 일곱 개의 점을 찍는다. 마지막으로 이 점들을 이으면 대강의 정7각형이 완성된다.

하지만 실제로는 정7각형을 눈금 없는 자와 컴퍼스만으로 정확하게 그리는 것은 불가능하다. 정7각형을 작도할 수 없음을 간단히 증명해 보자.(상세한 계산은 생략한다.)

정7각형을 작도할 수 없음을 보이는 것은 정7각형의 한 변에 대한 외접원의 중심각을 y라 하고 $\cos y$를 작도할 수 없음을 보이는 것과 같다.

이 경우

$$\cos y + \cos 2y + \cos 3y + \cos 4y$$
$$+ \cos 5y + \cos 6y + \cos 7y = 0$$

이고 $7y = 180°$ 이다.

일반적으로 $A = \cos y + \cos 2y + \cos 3y + \cdots + \cos ny$라 하고 삼각함수의 공식을 이용하면

$$A \frac{1}{2}\sin\frac{y}{2} = (\cos y + \cos 2y + \cdots + \cos ny)\frac{1}{2}\sin\frac{y}{2}$$

$$= \frac{\sin\left(\frac{2n+1}{2}\right)y - \sin\left(\frac{1}{2}\right)y}{2\sin\left(\frac{1}{2}\right)y}$$

$$= \frac{\cos\left(\frac{2n+1}{2}\right)y \cdot \sin\left(\frac{n}{2}\right)y}{\sin\left(\frac{1}{2}\right)y} \quad \cdots\cdots ①$$

여기서 정7각형의 경우에는 $\sin\dfrac{7y}{2} = \sin 180° = 0$이므로

$\cos 7y = \cos 360° = 1$,

$\cos 6y = \cos(360° - y) = \cos y$,

$\cos 5y = \cos 2y$,

$\cos 4y = \cos 3y$

이다. 따라서 식 ①은 다음과 같이 정리할 수 있다.

① $= 2(\cos y + \cos 2y + \cos 3y) + 1 = 0$

$\Rightarrow 2\{(\cos 3y + \cos y) + \cos 2y\} = 0$

$\Rightarrow 2\left\{\cos 2\left(\cos\dfrac{3y+y}{2}\cos\dfrac{3y-y}{2} + \cos 2y\right)\right\} + 1 = 0$

여기서 $2\cos y = x$로 치환하면 다음과 같이 정리할 수 있다.

$2(2\cos y + 1)\cos 2y + 1 = 0$

$\Rightarrow 2(2\cos y + 1)(2\cos^2 y - 1) + 1 = 0$

$\Rightarrow 8\cos^3 y + 4\cos^2 y - 4\cos y - 1 = 0$

$\Rightarrow x^3 + x^2 - 2x - 1 = 0$ ······ ②

그런데 식 ②는 1차식 또는 2차식의 곱으로 분해되지 않기 때문에 작도할 수 없다. 사실 방정식 ②의 근은 다음과 같고, 이것이 작도불가능임을 증명해야 하지만 여기서는 생략하겠다.

$$x_{1,2} = -\frac{7}{18\sqrt[3]{\frac{7}{108}i\sqrt{108}+\frac{7}{54}}} - \frac{1}{3} - \frac{1}{2}\sqrt[3]{\frac{7}{108}i\sqrt{108}+\frac{7}{54}}$$

$$\pm \frac{\sqrt{3}i}{2}\left(\sqrt[3]{\frac{7}{108}i\sqrt{108}+\frac{7}{54}} - \frac{7}{9\sqrt[3]{\frac{7}{108}i\sqrt{108}+\frac{7}{54}}}\right),$$

$$x_3 = \frac{7}{9\sqrt[3]{\frac{7}{108}i\sqrt{108}+\frac{7}{54}}} + \sqrt[3]{\frac{7}{108}i\sqrt{108}=\frac{7}{54}} - \frac{1}{3}$$

이제 정7각형에 관한 흥미로운 성질 두 가지만 알아보자.

첫 번째는 다음 그림과 같이 점 O는 정7각형의 외접원의 중심이고, 외접원의 반지름의 길이가 r일 때, 다음이 성립한다.

$$A_1A_2 + A_2A_4 + A_1A_4 = 7r^2$$

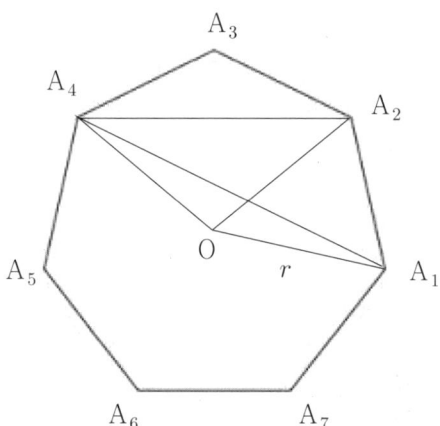

위와 같은 정7각형의 각 변은 외접원의 현이므로

$$\angle A_1OA_2 = \frac{2\pi}{7}, \quad \angle A_2OA_4 = \frac{4\pi}{7}, \quad \angle A_1OA_4 = \frac{6\pi}{7}$$

이다.

따라서 피타고라스 정리를 활용하여

$$A_1A_2 = 2r\sin\frac{\pi}{7}, \quad A_2A_4 = 2r\sin\frac{2\pi}{7}, \quad A_1A_4 = 2r\sin\frac{3\pi}{7}$$

를 얻는다. 즉, 다음을 보이면 위의 등식이 성립함을 증명하는 것과 같다.

$$4r^2\left(\sin^2\frac{\pi}{7} + \sin^2\frac{2\pi}{7} + \sin^2\frac{3\pi}{7}\right) = 7r^2 \quad \cdots\cdots ③$$

식 ③에 삼각함수의 반각공식을 적용하면 다음과 같다.

$$4r^2\left(\sin^2\frac{\pi}{7} + \sin^2\frac{2\pi}{7} + \sin^2\frac{3\pi}{7}\right)$$

$$= 2r^2\left(1 - \cos\frac{2\pi}{7} + 1 - \cos\frac{4\pi}{7} + 1 - \cos\frac{6\pi}{7}\right)$$

$$= 6r^2 - 2r^2\left(\cos\frac{2\pi}{7} + \cos\frac{4\pi}{7} + \cos\frac{6\pi}{7}\right) \quad \cdots\cdots ④$$

이제

$$\cos\frac{2\pi}{7} + \cos\frac{4\pi}{7} + \cos\frac{6\pi}{7}$$

의 값을 구하기 위하여 이 식에 $\sin\frac{2\pi}{7}$ 을 곱하고 삼각함수의 합의 공식과

$$\sin\frac{8\pi}{7} = \sin\left(2\pi - \frac{6\pi}{7}\right) = -\sin\frac{6\pi}{7}$$

임을 이용하여 정리하면 다음과 같다.

$$\left(\cos\frac{2\pi}{7} + \cos\frac{4\pi}{7} + \cos\frac{6\pi}{7}\right) \cdot \sin\frac{2\pi}{7}$$

$$= \frac{1}{2}\left(\sin\frac{4\pi}{7} + \sin\frac{6\pi}{7} - \sin\frac{2\pi}{7} + \sin\frac{8\pi}{7} - \sin\frac{4\pi}{7}\right)$$

$$= -\frac{1}{2} \sin \frac{2\pi}{7} \qquad \cdots\cdots ⑤$$

식 ⑤로부터

$$\cos \frac{2\pi}{7} + \cos \frac{4\pi}{7} + \cos \frac{6\pi}{7} = -\frac{1}{2}$$

이고, 이것을 식 ④에 대입하면 식 ③이 성립한다. 그러므로

$$A_1A_2 + A_2A_4 + A_1A_4 = 7r^2$$

이 성립한다.

정7각형에 관한 두 번째 성질은 앞의 그림과 같은 정7각형에 대하여 다음이 성립한다는 것이다.

$$\frac{1}{A_1A_2} = \frac{1}{A_1A_3} + \frac{1}{A_1A_4} \qquad \cdots\cdots ⑥$$

그리고 이것은 앞의 내용을 조금 활용하면 쉽게 보일 수 있다. 즉,

$$A_1A_2 = 2r\sin\frac{\pi}{7}, \quad A_1A_3 = 2r\sin\frac{2\pi}{7}, \quad A_1A_4 = 2r\sin\frac{3\pi}{7}$$

이므로 위의 식은 다음 등식이 성립함을 보이는 것과 같다.

$$\frac{1}{\sin\frac{\pi}{7}} = \frac{1}{\sin\frac{2\pi}{7}} + \frac{1}{\sin\frac{3\pi}{7}}$$

이 식은 다음과 같다.

$$\sin\frac{2\pi}{7} \cdot \sin\frac{3\pi}{7} = \sin\frac{\pi}{7} \cdot \sin\frac{3\pi}{7} + \sin\frac{\pi}{7} \cdot \sin\frac{2\pi}{7}$$

이제 삼각함수의 곱을 합의 꼴로 나타내면 위 식은 다음과 같다.

$$-\cos\frac{5\pi}{7} + \cos\frac{\pi}{7}$$

$$= -\cos\frac{\pi}{7} + \cos\frac{2\pi}{7} - \cos\frac{3\pi}{7} + \cos\frac{\pi}{7} \quad \cdots\cdots ⑦$$

$$\frac{2\pi}{7} + \frac{5\pi}{7} = \frac{3\pi}{7} + \frac{4\pi}{7} = \pi,$$

$$\cos\frac{2\pi}{7} = -\cos\frac{5\pi}{7},$$

$$\cos\frac{3\pi}{7} = -\cos\frac{4\pi}{7}$$

이므로 식 ⑦이 성립한다. 따라서 식 ⑥이 성립한다.

앞에서 우리는 7이 처녀수라고 소개하였다. 사실 7은 그리스 신화에서 처녀 신 아테나(Athene)에게 바쳐진 수이다. 고대 그리스의 상징 수학의 전통에서는 알파벳문자들이 수 값을 지니는데, 아테나의 문자 'Athene'의 수 값을 모두 더하면 77이다. 또 아테나의 별명인 팔라스(Pallas, 소녀)의 수 값을 모두 더하면 한 변의 길이가 7단위인 정육면체의 부피인 $343(=7\times7\times7)$이고, 아테나의 칭호인 파르테노스(Parthenos, 처녀)의 수 값을 모두 더하면 515이다. 515는 7과 아무 관계 없어 보이지만 앞에서 우리가 다룬 정7각형의 한 각의 크기가

$$\frac{360°}{7} \approx 51.412871\cdots°$$

이므로 515는 정7각형의 중심의 한 각의 크기를 상징하는 것이다.

7은 앞에서 소개한 것 이외에도 많은 흥미로운 성질이 있으므로 이런 것들을 하나씩 찾아보는 재미를 느껴보기 바란다.

원리와 개념을 잡아주는 수학법칙

03 다각형 자르기

오늘날 알려진 피타고라스 정리의 증명 방법은 약 400가지가 넘는다. 그 가운데 다각형을 잘라 붙여 증명하는 방법도 많은데, 가장 대표적인 것은 12세기에 완성된 바스카라(Bhaskara)의 증명법과 1917년에 완성된 듀드니(Dudeney)의 증명법이다. 바스카라는 두 개의 그림을 나란히 그려놓고 '보라!'는 말 이외에는 더 이상의 설명을 제시하지 않았다. 바스카라의 증명은 간단한 대수로 다음과 같다.

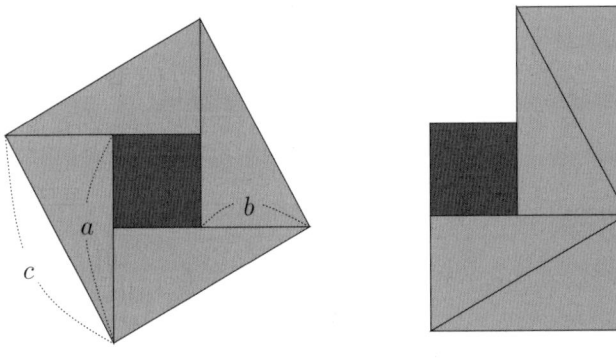

$$c^2 = \frac{ab}{2} \times 4 + (a-b)^2 \quad \therefore \quad c^2 = a^2 + b^2$$

한편 듀드니는 다음과 같은 그림을 그려서 피타고라스 정리를 증명했다.

Chapter 6 도형의 변신

사실 이런 증명법은 같은 넓이를 갖는 두 다각형에 대하여 한 다각형을 적당히 잘라내어 다른 다각형에 완전히 포갤 수 있기 때문에 가능하다. 그리고 이런 사실은 1833년 보야이(F. Bolyai)와 1835년 저윈(P. Gerwien)에 의하여 독립적으로 증명되었다. 그래서 이것을 보야이-저윈 정리라고 한다. 보야이-저윈 정리의 3차원 입체도형에 대한 버전이 힐베르트의 23개 문제 가운데 하나인 3번째 문제이다. 이 문제는 '한 입체도형을 여러 개의 조각으로 잘라낸 후, 그 조각을 다시 배열하여 다른 입체도형을 만들 수 있을 것인가?'하는 것이고, 이것은 불가능하다는 것이 1900년에 덴(M. Dehn)에 의하여 증명되었다.

여기서 우리는 2차원 도형인 다각형에 대하여 이 성질이 성립한다는 보야이-저윈의 정리를 살펴보자.

원리와 개념을 잡아주는 수학법칙

이미 모든 다각형은 대각선을 이용하면 삼각형으로 나눌 수 있고, 삼각형은 다음 그림과 같이 직사각형으로 바꿀 수 있음을 알고 있다.

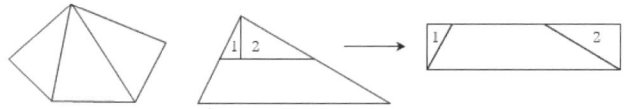

그리고 듀드니의 증명으로부터 두 개의 정사각형을 적당히 잘라 재배열하여 하나의 정사각형을 얻을 수 있음을 알 수 있다. 그러므로 이제 직사각형을 잘라 재배열하여 정사각형을 얻을 수 있는지만 살펴보면 보야이-저원 정리가 성립한다는 것을 알 수 있다.

다음 직사각형 ABCD를 보자.

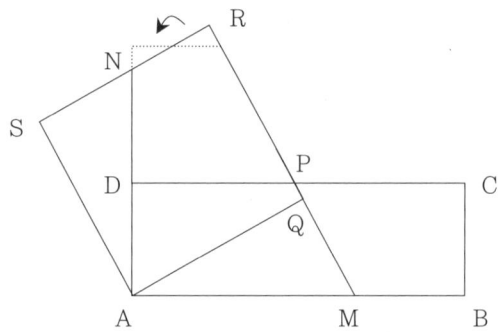

직사각형은 여러 개의 작은 직사각형으로 자를 수 있고, 자른 작은 직사각형을 이어 붙이면 원래의 직사각형이 된다. 따라서 일반성을 잃지 않고 직사각형의 한 변 BC의 길이를 $\frac{AB}{4} < BC < \frac{AB}{2}$ 라 하자. 위의 그림과 같이 직사각형 ABCD와 넓이가 같은 정사각형을 AQRS라 하자. 여기서 QR은 직사각형의 한 변 CD의 중점 P를 지나는 선분이

다. M은 AB와 QR이 만나는 점이고 N은 AD와 RS가 만나는 점이다. 삼각형 ANS와 AMQ는 합동이므로 사각형 MBCP와 사각형 DPRN은 넓이가 같다. 그리고 두 사다리꼴은 ∠DPR = ∠CPM, PC = PD 이므로 사실 합동이다. 즉, 주어진 직사각형을 적당히 잘라 재배열하면 정사각형을 얻을 수 있다.

이 사실로부터 우리는 어떤 다각형이던지 대각선을 이용하여 여러 개의 삼각형으로 나눌 수 있고, 삼각형은 직사각형으로 바꿀 수 있으며, 직사각형은 정사각형으로 바꿀 수 있다는 것을 알았다. 즉, 임의의 모든 다각형은 넓이가 같은 정사각형으로 바꿀 수 있다. 물론 정사각형을 직사각형으로 바꿀 수 있고, 직사각형은 삼각형으로, 삼각형은 다시 다각형을 만들 수 있으므로 정사각형을 다각형으로도 바꿀 수 있다. 결국 어떤 다각형은 넓이가 같은 다른 모양의 다각형으로 변환이 가능하게 된다. 즉, 정사각형을 사이에 두고 한 다각형을 다른 다각형으로 바꿀 수 있다는 보야이-저원의 정리가 참임을 알 수 있다.

다각형을 자르는 문제는 퍼즐로도 즐길 수 있을 정도로 흥미로운 것이 많다. 이제 몇 가지 흥미로운 퍼즐을 살펴보자.

먼저 정육각형을 모양과 크기가 같은 다각형 8개로 자를 수 있을까?

다음 그림을 보면 정육각형을 모양과 크기가 같은 다각형 8개로 잘라져 있다.

원리와 개념을 잡아주는 수학법칙

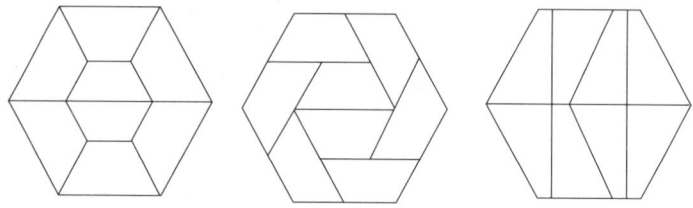

두 번째 퍼즐은 '한 변의 길이가 각각 2, 3, 6인 세 개의 정사각형을 다섯 조각으로 자른 후, 자른 5개의 조각들을 이어 붙여 정칠각형을 만들어라.'이고, 풀이는 다음과 같다. 즉, 먼저 한 변의 길이가 2인 정사각형은 절반을 자르고, 한 변의 길이가 6인 정사각형은 넓이가 1인 단위정사각형 6개로 그림과 같이 자른다. 그러면 모두 5개의 조각이 되고 이 조각을 그림과 같이 붙이면 정칠각형이 완성된다.

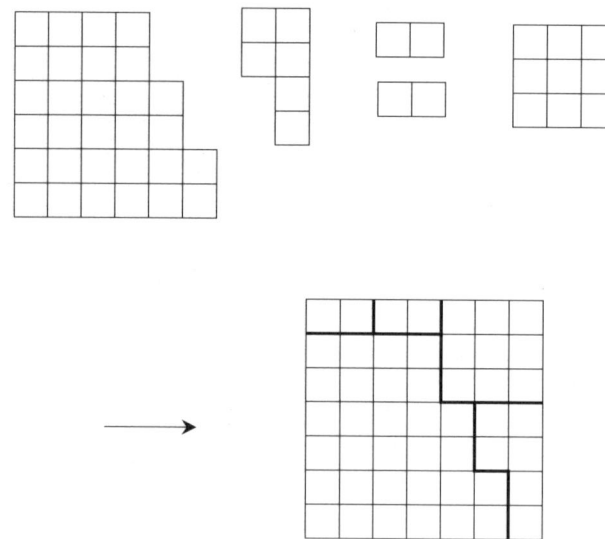

마지막으로 다음 팔각형을 보자.

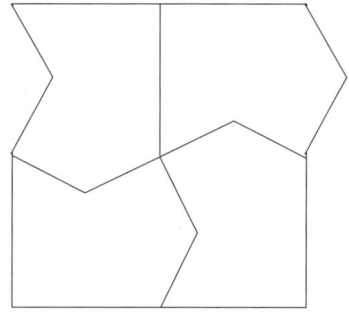

주어진 팔각형은 모양과 크기가 같은 4개의 다각형으로 나누어져 있다. 이 팔각형을 모양과 크기가 같은 5개의 다각형으로 나눌 수 있을까? 이 퍼즐의 답은 다음과 같다.

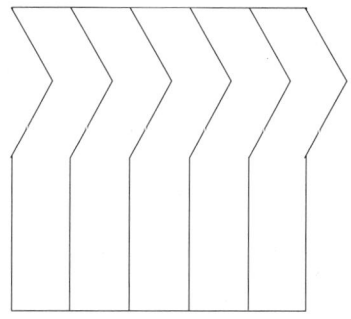

Chapter 7

도형의 넓이

원리와 개념을 잡아주는 수학법칙

원리와 개념을 잡아주는 수학법칙

01 헤론의 공식

헤론(Heron)은 대체로 기원전 150년경부터 250년 사이에 산 것으로 추정되는 그리스의 수학자이다. 최근에 들어와서는 그가 1세기의 약 75년경에 살았던 것으로 추정하기도 한다. 수학과 물리학 분야에서의 저작은 너무 많고 다양해서 흔히 그를 이 분야에서의 백과사전적 작가라고 부르기도 한다.

헤론의 저작은 크게 기하학과 역학의 두 가지로 분류할 수 있다. 기하학에 관한 헤론의 작품 중 가장 중요한 것은 <측정론(Metrica)>으로서 세 권의 책으로 되어 있다. 이 책은 1896년에 콘스탄티노플에서 쇠네(R. Schöne)가 발견한 것이다. 제I권은 정사각형, 직사각형, 삼각형, 사다리꼴, 그 밖의 다양한 사변형 또 이등변삼각형으로부터 12각형까지의 다각형, 원, 원의 일부분, 타원, 포물선과 선분으로 만들어지는 부분 등의 면적과 원기둥, 원뿔, 구, 구면띠 등의 곡면적을 다루고 있다. II권은 원뿔, 원기둥, 평행 육면체, 각기둥, 피라미드 등의 부피와 원뿔, 피라미드, 구, 구면대(spherical segment), 원환체, 다섯 개의 정다면체, 각대(prismatoid) 등의 절두체(frustrum)의 부피를 다루고 있다. III권은 면적과 부피 등을 주어진 비로 나누는 문제를 다루고 있다.

특히 I권에서는 세 변의 길이 a, b, c가 주어진 삼각형의 넓이를 구하는 일명 '헤론의 공식'을 유도하고 있다. 헤론의 공식을 유도하는 방법은 몇 가지가 있는데, 여기서는 고전적인 방법과 현대적인 방법으로 간단히 설명하여 공식을 유도해 보자.

Chapter 7 도형의 넓이

▶ 헤론의 공식

다음 그림의 삼각형 ABC에서 중심이 O이고 반지름이 r인 내접원이 변 BC, CA, AB와 각각 D, E, F에서 만난다고 하자. BC의 연장선상에 CD = AE인 점 G를 잡고 BO의 수선 OH를 그릴 때, 그것이 BC와 I에서 만나고 C에서의 BC의 수선과 H에서 만난다고 하자.

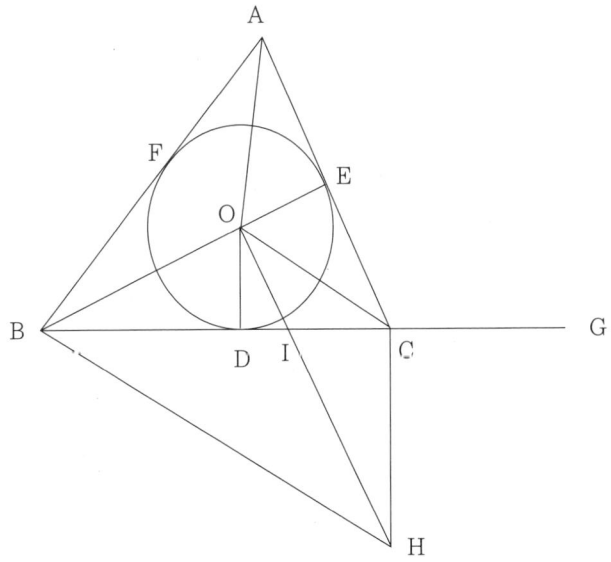

$s = \dfrac{a+b+c}{2}$ 이면 △ABC의 넓이는 $rs =$ BG · OD이다. 그런데 점 B, O, C, H는 한 원 위에 있는 점들이므로 ∠CHB는 ∠BOC의 보각이므로 ∠EOA와 같다. 따라서 다음이 성립한다.

$$\dfrac{BC}{CG} = \dfrac{BC}{AE} = \dfrac{CH}{OE} = \dfrac{CH}{OD} = \dfrac{CI}{ID}$$

이므로

$$\frac{BG}{CG} = \frac{CD}{ID}$$

이다. 따라서

$$\frac{BG^2}{CG \cdot BG} = \frac{CD \cdot BD}{CG \cdot BG} = \frac{CD \cdot BD}{OD^2}$$

그러므로 주어진 삼각형의 넓이 S는 다음과 같다.

$$S = BG \cdot OD = (BG \cdot CG \cdot BD \cdot CD)^{\frac{1}{2}}$$
$$= \sqrt{s(s-a)(s-b)(s-c)}$$

이번에는 삼각함수의 코사인 법칙을 이용하여 헤론의 공식을 유도하는 것을 알아보자.

다음 그림과 같은 삼각형에서 다음을 얻을 수 있다.

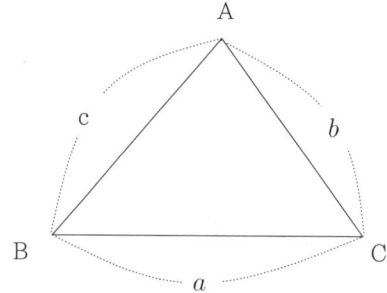

$$\cos C = \frac{a^2 + b^2 - c^2}{2ab},$$

$$\sin C = \sqrt{1 - \cos^2 C} = \frac{\sqrt{4a^2b^2 - (a^2+b^2-c^2)^2}}{2ab}$$

따라서 삼각형의 넓이는 다음과 같다.

$$S = \frac{1}{2}ab\sin C$$

$$= \frac{1}{4}\sqrt{4a^2b^2 - (a^2+b^2-c^2)^2}$$

$$= \frac{1}{4}\sqrt{(2ab-(a^2+b^2-c^2))(2ab+(a^2+b^2-c^2))}$$

$$= \frac{1}{4}\sqrt{(c^2-(a-b)^2)((a+b)^2-c^2)}$$

$$= \frac{1}{4}\sqrt{(c-(a-b))(c+(a-b))((a+b)-c)((a+b)+c)}$$

$$= \sqrt{\frac{(c-(a-b))}{2} \cdot \frac{(c+(a-b))}{2} \cdot \frac{((a+b)-c)}{2} \cdot \frac{((a+b)+c)}{2}}$$

$$= \sqrt{\frac{(b+c-a)}{2} \cdot \frac{(a+c-b)}{2} \cdot \frac{(a+b-c)}{2} \cdot \frac{(a+b+c)}{2}}$$

$$= \sqrt{s(s-a)(s-b)(s-c)}$$

헤론의 공식은 피타고라스 정리를 이용해서도 구할 수 있다. 즉, 다음 그림과 같이 △ABC의 넓이는 △ABD의 넓이와 △ADC의 넓이의 합과 같다.

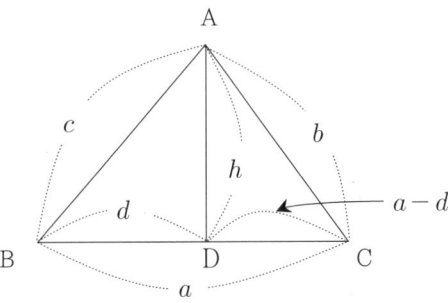

원리와 개념을 잡아주는 수학법칙

그런데 △ABD의 넓이는 $\dfrac{dh}{2}$이고, △ADC의 넓이는 $\dfrac{(a-d)h}{2}$이다. 따라서 △ABC의 넓이는 $\dfrac{dh}{2}+\dfrac{(a-d)h}{2}$을 이용해도 구할 수 있다. 여기서 피타고라스 정리에 의하여 $c^2=d^2+h^2$이고, $b^2=h^2+(a-d)^2$이다. 헤론의 공식은 $4S^2=4s(s-a)(s-b)(s-c)$로 변형될 수 있는데 위의 삼각형에서 $4S^2=(ah)^2$이다. 그런데 $h^2=c^2-d^2$이므로 주어진 식은 $4S^2=a^2(c^2-d^2)$과 같다.

한편 $(p+q)^2-(p-q)^2=4pq$임을 이용하면
$$4s(s-a)(s-b)(s-c) = (s(s-b)$$
$$+(s-c)(s-a))^2-(s(s-b)-(s-c)(s-a))^2$$

이로부터 다음을 보이면 충분하다.
$$ac = s(s-b)+(s-c)(s-a),$$
$$ad = s(s-a)-(s-c)(s-a)$$

이것으로부터 헤론의 공식을 변형한 등식
$$4S^2 = 4s(s-a)(s-b)(s-c)$$
을 유도할 수 있다.

02 브라마굽타의 공식

고대 인도의 수학 발전에 관해서는 정확한 기록의 부족으로 인하여 알려진 것이 많지 않다. 인도의 역사에 의하면 약 4000년 전에 아리안 (Aryans)족이 중앙아시아의 대평원으로부터 히말라야 산맥을 넘어 인도로 내려왔다. '아리안'이라는 말은 산스크리트(Sanskrit)어로 '귀족' 혹

은 '지주'라는 뜻으로, 아리안족의 영향력은 점점 인도 전역으로 확대되어갔다. 그들은 산스크리트어를 완성했으며 인도의 계급제도인 카스트 제도를 도입했다.

기원전 6세기에는 아테네와 한 판 전쟁을 벌인 장본인이었던 다리우스 왕의 페르시아 군대가 인도에 침입하지만 그들은 인도를 영구적으로 정복하지는 못했다. 바로 이 시기에 석가모니 부처가 활약하였다. 이 시기에 수학사에서 가장 흥미로운 종교 문헌인 <술바수트라스(Sulvasutras, 새끼의 규칙)>가 써진 것으로 추정된다. <술바수트라스>에서 새끼를 꼬아 제단을 건축할 수 있는 기하학적 법칙을 구체적으로 설명하고 있고 피타고라스 3쌍도 알고 있음을 보여 주고 있다.

기원전 326년에는 알렉산더 대왕이 북서 인도를 일시적으로 정복했지만 마우리아(Maurya) 제국이 세워졌다. 가장 유명한 마우리아 통치자는 아소카(Asoka) 왕(기원진 272~232)으로 그의 전성시대에 인도의 중요한 도시마다 커다란 돌기둥을 세워 놓았는데, 이것은 지금까지도 남아있다. 이 돌기둥 중 몇 개에 현재의 수 기호의 가장 오래된 견본이 새겨져 있다.

아소카 왕 이후로 인도는 외부의 침입을 계속 받았지만 결국 토착 인도 황제들의 굽타(Gupta) 왕조로 이어졌다. 굽타시대는 산스크리트 르네상스의 황금시대를 열었으며 인도가 학문, 예술, 의학의 중심지가 되었고, 대학이 세워졌다. 그리고 이곳에서 주로 천문학이 연구되어졌다.

450년경부터 1400년대 말엽까지 인도는 또다시 수많은 외침을 받는다. 그러나 이 기간 동안 뛰어난 인도 수학자들이 많이 있었다. 아리아

원리와 개념을 잡아주는 수학법칙

바타, 브라마굽타, 바스카라 등이 그들이었다. 이 세 명의 인도 수학자에 대하여 한 명씩 간단히 알아보자.

6세기경에 활약한 아리아바타는 <아리아바티야>라는 천문학 책을 저술했는데, 그 책의 3장이 수학적 내용을 다루고 있다. 천문학자이자 수학자인 아리아바타는 0의 개념을 정의하고, 지구가 자체적으로 축을 중심으로 태양 주위를 돈다는 사실을 증명했다. 서구에서 코페르니쿠스와 갈릴레오가 같은 사실을 상세히 밝혀내기 1,000년 전의 일이었다.

우리가 특히 눈여겨 봐야할 사람은 바로 브라마굽타이다. 브라마굽타는 7세기의 가장 뛰어난 인도 수학자로 중앙 인도에 있는 우자인(Ujjain)의 천문대에서 일했다. 그는 628년에 21장으로 된 천문학 책 <브라마-스푸타-싯단타>를 썼는데, 이 책의 12장과 18장이 수학을 다루고 있다. 특히 그는 '브라마굽타의 공식'이라는 원에 내접하는 사각형의 네 변의 길이를 알고 있을 때 그 사각형의 넓이를 구하는 공식을 자신의 책에서 소개하고 있다.

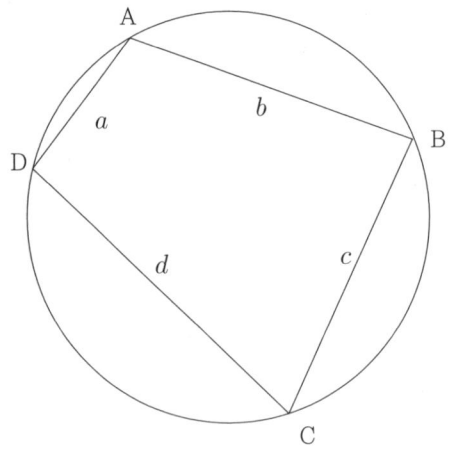

그가 제시한 원에 내접하는 사각형의 각 선분의 길이가 a, b, c, d인 사각형의 넓이 S는

$$S = \sqrt{(s-a)(s-b)(s-c)(s-d)}$$

이고, 여기서 $s = \dfrac{a+b+c+d}{2}$ 이었다.

▸ 브라마굽타의 공식

과연 그는 이 공식을 어떻게 얻은 것일까?

위의 그림과 같이 □ABCD가 원 O에 내접한다고 하고, 각 변의 길이를 a, b, c, d라고 하자. 그러면 □ABCD의 넓이 S는 △ADB와 △BCD의 넓이의 합과 같으므로

$$S = \frac{1}{2}ab\sin A + \frac{1}{2}cd\sin C$$

이다. 이때 □ABCD가 원 O에 내접하므로 $\angle DAB = 180° - \angle DCB$이다. 즉 $\sin C = \sin A$이므로 사각형의 넓이 S는 다음과 같다.

$$S = \frac{1}{2}ab\sin A + \frac{1}{2}cd\sin C$$

$$= \frac{1}{2}ab\sin A + \frac{1}{2}cd\sin A$$

이 식의 양변을 제곱하면

$$S^2 = \frac{1}{4}\sin^2 A\,(ab+cd)^2$$

$$\Leftrightarrow\ 4S^2 = (1-\cos^2 A)(ab+cd)^2$$

$$= (ab+cd)^2 - \cos^2 A\,(ab+cd)^2$$

여기에서 △ADB와 △BDC에 대한 코사인 제2법칙을 사용하면

$$\overline{BD}^2 = a^2 + b^2 - 2ab\cos A = c^2 + d^2 - 2cd\cos C$$

그런데 ∠A와 ∠C는 원에 내접하는 사각형에서 서로 보각이므로 $\cos C = -\cos A$이고, 이것을 위 식에 대입하여 정리하면 다음 식을 얻는다.

$$2\cos A(ab+cd) = a^2 + b^2 - c^2 - d^2$$

따라서 다음 식을 얻는다.

$$4S^2 = (ab+cd)^2 - \frac{1}{4}(a^2+b^2-c^2-d^2)^2$$

이 식의 양변에 4를 곱하면

$$16S^2 = 4(ab+cd)^2 - (a^2+b^2-c^2-d^2)^2$$

여기서 $p^2 - q^2 = (p-q)(p+q)$을 이용하여 정리하면 위의 식은 다음과 같이 쓸 수 있다.

$$(2(ab+cd) - a^2 - b^2 + c^2 + d^2)(2(ab+cd) + a^2 + b^2 - c^2 - d^2)$$

이 식을 $(p^2-q^2)(r^2-t^2)$와 같은 형태로 다시 쓰면 다음과 같다.

$$(2(ab+cd) - a^2 - b^2 + c^2 + d^2)(2(ab+cd) + a^2 + b^2 - c^2 - d^2)$$
$$= ((c+s)^2 - (a-b)^2)((a+b)^2 - (c-d)^2)$$

이 식을

$$(p^2-q^2)(r^2-t^2) = (p-q)(p+q)(r-t)(r+t)$$

을 이용하여 다시 정리하면

$$16S^2 = (a+b+c-d)(a+b+d-c)(a+c+d-b)(b+c+d-a)$$

이제 $s = \dfrac{a+b+c+d}{2}$로 놓으면 위의 식의 좌변은 다음과 같이 간단히 정리된다.

$$16S^2 = 16(s-a)(s-b)(s-c)(s-d)$$

따라서 양변을 16으로 나누고 제곱근을 씌우면 우리가 원하던 다음과 같은 브라마굽타의 공식을 얻게 된다.

$$S = \sqrt{(s-a)(s-b)(s-c)(s-d)}$$

이때, $d = 0$이라면 이것은 원에 내접하는 삼각형이 되고 위의 식은 세 변의 길이가 주어졌을 때 삼각형의 넓이를 구하는 헤론의 공식이 된다.

앞에서 우리는 원에 내접하는 사각형의 네 변의 길이를 알 때 그 사각형의 넓이를 구할 수 있었다. 그렇다면 원에 내접하지 않는 경우는 어떻게 구할 수 있을까?

원에 내접하지 않는 경우도 비슷한 식을 얻을 수 있다. 사각형의 각 변의 길이를 a, b, c, d라고 하고, 마주보는 두 각의 합을 2로 나눈 값을 θ라 하면 다음과 같이 사각형의 넓이를 구하는 일반적인 공식을 얻을 수 있다. 우리는 이 공식을 브레트수나이더 공식(Bretschneider's formula)이라고 한다.

$$S = \sqrt{(s-a)(s-b)(s-c)(s-d) - abcd\cos^2\theta}$$

위 식에서 내접하는 사각형은 마주보는 두 각의 합을 2로 나누면 90°이고 $\cos 90° = 0$이므로 브라마굽타의 공식과 같아진다.

▶ 릴라바티

인도의 유명한 수학자 바스카라는 1150년에 <싯단타 쉬로마니>라는 천문학 책을 저술했다. 바스카라의 작품 중에서 가장 중요한 수학책은

원리와 개념을 잡아주는 수학법칙

'아름다운 것들'이란 뜻의 <릴라바티>와 '종자산술'이란 뜻의 <비쟈가니타>가 있는데 각각 산술과 대수를 다루고 있다. 그러나 아직도 <릴라바티>와 <비쟈가니타>가 <싯단타 쉬로마니>의 일부분이라는 주장과 그렇지 않다는 주장이 있고, 어떤 것이 진실인지 확실히 밝혀지지 않았다.

특히 <릴라바티>에는 흥미로운 전설이 있다.

그 이야기에 따르면, 한 점성술사가 바스카라의 외동딸 릴라바티는 상서로운 날 정해진 시간에 혼인하지 않으면 무서운 불행이 닥칠 것이라고 예언했다. 그 날이 오자 초조한 신부는 컵 시계의 수위가 가라앉고 있는 것을 바라보다가 자신도 모르는 사이에 머리장식에 붙은 진주가 떨어져 컵 속에 물구멍을 막아 물이 흘러 나가는 것이 멈춰지고 그 행운의 순간이 찰나에 흘러 가버리고 말았던 것이다. 바스카라는 불행한 딸을 위로하기 위해 그의 책 이름을 딸의 이름을 따서 붙였다.

여기서 잠깐 인도의 산술에 대하여 알 수 있는 문제를 살펴보자. 이 문제는 바스카라의 <릴라바티>에 나오는 문제이다.

순수한 연꽃들 다발에서
삼분의 일, 오분의 일 그리고 육분의 일이
각각 바쳐졌네.
시바 신에게
비슈뉴 신에게
수리야신에게
사분의 일은 브하바니 신에게 선물되었네.
나머지 여섯 송이 꽃은

훌륭한 스승에게 바쳐졌네.
꽃들의 수가 얼마였는지 얼른 나에게 말해보게.

이런 시는 단순히 방정식의 풀이 방법을 알려주기 위해서 작성된 것이 아니라 수와 문자를 이용한 유희적인 성격도 있었다. 그래서 인도 문화에서 수학은 지혜를 탐구하는 것을 벗어나 아름다움을 추구하고 찬양하는 도구로도 사용되었다. 이 시에서 제시된 문제를 풀어보자.

먼저 바치기 전의 꽃송이 수를 x라 하면, 시에서 각각의 신과 스승에게 바친 꽃송이는 모두 x와 같으므로 다음과 같은 방정식을 세울 수 있다.

$$\frac{1}{3}x + \frac{1}{5}x + \frac{1}{6}x + \frac{1}{4}x + 6 = x$$

분모를 통분하기 위하여 3, 4, 5, 6의 최소공배수인 60을 양변에 곱하여 정리하면

$$20x + 12x + 10x + 15x + 360 = 60x$$

이제 이 방정식을 풀면 $x = 120$이다. 따라서 시바 신에게는 40송이, 비슈누 신에게는 24송이, 수리야 신에게는 20송이, 브하바니 신에게는 30송이, 훌륭한 스승에게는 6송이 꽃을 선물했다.

또 다음과 같은 시도 있다.

목걸이 하나가 연인들이 뛰어노는 중에 끊어졌다.
진주 중 삼분의 일은 땅에 떨어졌다.
침대 위의 다섯 번째 것은 남아있었다.

원리와 개념을 잡아주는 수학법칙

여섯 번째 것은 젊은 여인이 발견했다.
열 번째 것은 애인이 잡았다.
그리고 진주 여섯 개는 실에 걸려 있었다.
이 목걸이에 몇 개의 진주가 있었는지 나에게 말해보게.

이 문제는 여러분이 직접 풀어보기 바란다.

03 등주문제

그리스신화는 많은 화가들에 의하여 명화로 재탄생되었는데, 그 가운데 하나가 엘리사라고도 하는 카르타고의 여왕 디도(Dido)에 대한 것이다. 특히 로마를 세운 그리스의 영웅 아이네이아스(Aeneias)와 디도여왕의 비극적인 사랑 이야기는 많은 예술가들의 작품 소재가 되기에 충분하다.

Dido Purchases Land for the Foundation of Carthage. Engraving by Matthäus Merian the Elder, in *Historische Chronica*, Frankfurt a.M., 1630. Dido's people cut the hide of an ox into thin strips and try to enclose a maximal domain.

---

5) 사진출처 : 구글 검색

Chapter 7 도형의 넓이

그런데 이런 그림들은 대부분 디도여왕이 카르타고를 세운 이후의 이야기를 그린 것이다. 하지만 1630년에 그려진 위의 그림은 디도여왕이 카르타고를 세울 때의 상황을 묘사한 것으로 마티아스(Mathias Merian the elder)가 그린 것이다. 그리고 우리의 이야기도 바로 디도여왕이 카르타고를 세울 때인 지금부터 약 2,800년 전 고대 그리스 시대로 거슬러 올라간다.

▶ 디도여왕과 디도의 문제

페니키아의 왕에게는 매우 아름다운 딸인 디도와 그의 상속자이자 아들인 피그말리온이 있었다. 디도는 자신의 삼촌인 아케르바스(Acerbas)와 결혼하는데, 왕이 죽자 피그말리온은 아케르바스를 죽인다. 피그말리온이 디도의 남편을 죽인 것은 아케르바스가 부자였기 때문에 그의 재산을 가로채기 위한 것이었다. 피그말리온은 황금을 회수하고자 사람을 보냈는데, 디도는 모래가 든 가방을 황금이 든 가방인 것처럼 속이고 바다에 던졌다. 디도는 피그말리온의 부하에게 피그말리온의 화를 피하기 위해 자신과 함께 페니키아를 떠나자고 회유한다.

디도는 자신의 추종자를 데리고 페니키아를 떠나 제우스 신전이 있는 키프로스(Cyprus)에서 80명의 여인을 만나서 함께 여행을 한다. 일행은 북아프리카의 해안에 도착했고, 그곳의 통치자인 얍(Yarb)에게 자신이 가져온 황금을 줄 테니 땅을 팔라고 한다. 얍은 땅을 팔 생각이 없었지만 여왕의 설득에 넘어가 황소 한 마리의 가죽으로 최대한 둘러쌀 수 있는 만큼의 땅만 팔겠다고 했다. 여왕은 언덕을 둘러쌀 수 있도록 가늘

원리와 개념을 잡아주는 수학법칙

게 쇠가죽을 잘라 영역을 정하여 도시를 세웠는데, 나중이 이 도시는 카르타고라고 불리게 되었다. 그리고 앞의 그림은 여왕 일행이 쇠가죽을 잘게 잘라서 살 땅의 영역을 정하는 순간을 그린 것이다.

이 사건이 수학의 등주문제(isoperimetric problem)의 시초이기 때문에 등주문제는 흔히 디도의 문제(Dido's problem)로 불린다. 등주문제는 둘레의 길이 L을 가지는 단일폐곡선의 넓이 A가 최대가 되는 경우를 구하는 문제로, 공간에서는 곡면의 겉넓이 S가 주어졌을 때 부피 V가 최대가 되는 경우를 구하는 것이다.

디도의 문제를 엄밀하게 증명하기 위해서는 어려운 수학이 필요하지만 다각형에 대한 기초적인 기하학을 이용하면 직관적으로 설명할 수 있다. 먼저 삼각형의 경우를 살펴보자. 다음 그림과 같이 둘레의 길이가 같은 두 삼각형 ABC와 삼각형 DBC를 비교해 보자.

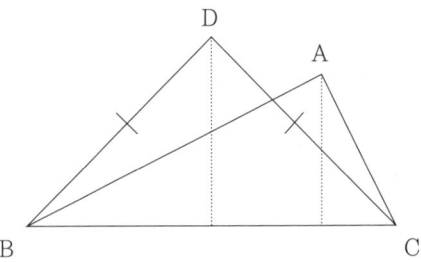

밑변의 길이가 같은 두 삼각형은 높이가 높은 것이 더 넓다. 그리고 높이가 가장 높을 때는 삼각형 ABC와 같이 두 변의 길이가 같을 때이다. 여기서 두 삼각형에서 BC는 공통이고 BD + DC = AB + AC인데, DB = DC이므로 AB + AC = 2DB이다. 즉, 일정한 둘레의 길이 L을 가지는 삼각형 중에서 그 넓이가 최대인 삼각형을 T라고 하면, 삼각형 T의 임의의 두 변의 길이는 같다. 만일 길이가 같지 않은 변이 있다면 위의 그림에서와 같은 이유로 삼각형의 넓이를 더 넓게 만들 수 있다. 따라서 T는 세 변의 길이가 같은 정삼각형이다.

밑변의 길이가 같을 때 높이가 높은 삼각형의 넓이가 더 넓다는 것은 쉽게 설명된다. 그런데 두 변의 길이가 같은 삼각형이 가장 넓은 넓이가 되려면 나머지 한 변도 길이가 같은 정삼각형이라는 것을 수학적으로 설명해 보자.

오른쪽 그림의 이등변삼각형에서 피타고라스 정리에 의하여 $h = \sqrt{a^2 - \dfrac{b^2}{4}}$ 이므로 넓이는 다음과 같다.

$$S = \dfrac{bh}{2} = \dfrac{b}{2}\sqrt{a^2 - \dfrac{b^2}{4}}$$

여기서 삼각형의 둘레의 길이가 $L = 2a + b$이므로 $b = L - 2a$이다. 따라서 삼각형의 넓이는 다음과 같이 정리할 수 있다.

$$\begin{aligned}
S &= \dfrac{bh}{2} = \dfrac{b}{2}\sqrt{a^2 - \dfrac{b^2}{4}} \\
&= \dfrac{L-2a}{2}\sqrt{a^2 - \dfrac{(L-2a)^2}{4}} \\
&= \dfrac{1}{2}\sqrt{(L-2a)^2\left(La - \dfrac{1}{4}L^2\right)} \\
&= \dfrac{1}{2}\sqrt{4La^3 - 5L^2a^2 + 2L^3a - \dfrac{1}{4}L^4}
\end{aligned}$$

위 식의 최댓값은 $4La^3 - 5L^2a^2 + 2L^3a - \frac{1}{4}L^4$가 최대일 때이므로 a는 미분하여 $2L(6a^2 - 5La + L^2) = 0$을 만족하는 값이다. 즉, $2a - L = 0$ 또는 $3a - L = 0$인데, $L = 2a + b$이므로 $L = 3a$이다. 따라서 $a = b$일 때 삼각형의 넓이는 최대임을 알 수 있다. 즉, 정삼각형일 때 넓이가 가장 넓음을 알 수 있다.

삼각형의 경우 둘레의 길이가 같다면 정삼각형의 넓이가 가장 넓다는 것을 이용하면 사각형의 경우도 쉽게 설명할 수 있다. 사각형은 각 대각선을 기준으로 두 삼각형으로 나눌 수 있고, 삼각형에서의 아이디어를 사용하면 사각형의 임의의 인접한 두 변의 길이는 같아야 함을 알 수 있다. 사각형 중에서 네 변의 길이가 같은 것은 마름모이다. 그런데 다음 그림에서 보듯이 주어진 두 선분을 두 변으로 하는 삼각형 중에서 주어진 두 변이 직각을 이루는 경우에 넓이가 최대라는 사실을 이용하여 사각형에서의 등주문제의 답은 정사각형임을 알 수 있다.

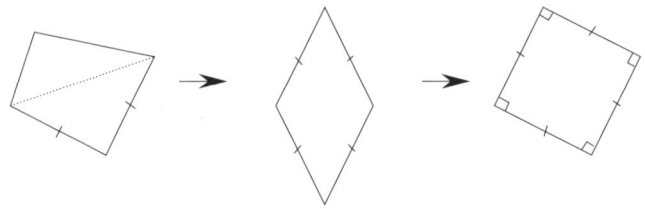

등주문제

사각형의 경우와 마찬가지로 다각형은 삼각형으로 나눌 수 있고, 사각형의 경우와 같은 아이디어로부터 다각형의 등주문제의 답은 정다각형임을 알 수 있다. 오른쪽 그림과 같이 n각형은 $(n-2)$개의 삼각형으로 나눌 수 있다. 이를테면 $n=4$인 사각형은 2개의 삼각형으로 나눌 수 있고, $n=5$인 오각형은 3개의 삼각형으로 나눌 수 있다. 그리고 다각형을 삼각형으로 나눴을 때 나눈 삼각형의 넓이가 가장 넓을 때는 두 변의 길이가 같을 때임을 앞의 아이디어로부터 알 수 있다.

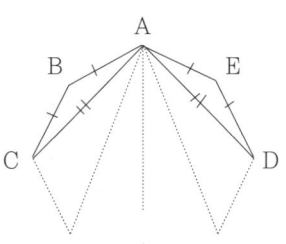

이제 둘레의 길이가 L로 일정한 정n각형을 n개의 합동인 삼각형으로 조각내어 직사각형으로 구조적인 재배열을 하자. 이 경우에는 정n각형을 삼각형으로 나누어서 재배열하여 얻은 직사각형의 높이 h_n를 비교하면 바로 정다각형들의 넓이를 비교할 수 있다. 특히 원을 잘라서 직사각형을 만들었을 때의 높이를 h_∞라고 표시하면 정n각형의 넓이는 n에 따른 증가수열이 됨을 알 수 있다.

실제로 다음 그림에서 $h_3 < h_4 < h_5 < \cdots < h_\infty$임을 알 수 있다.

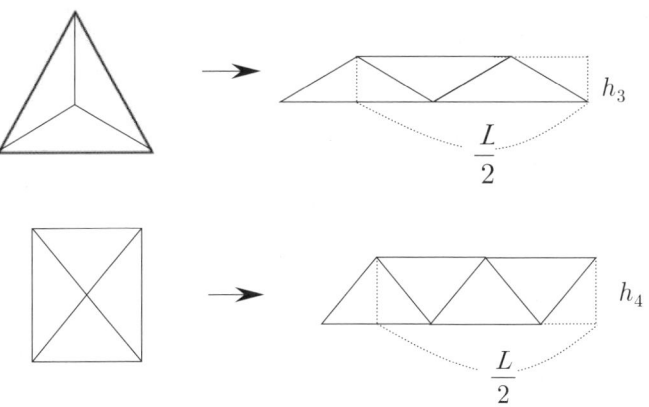

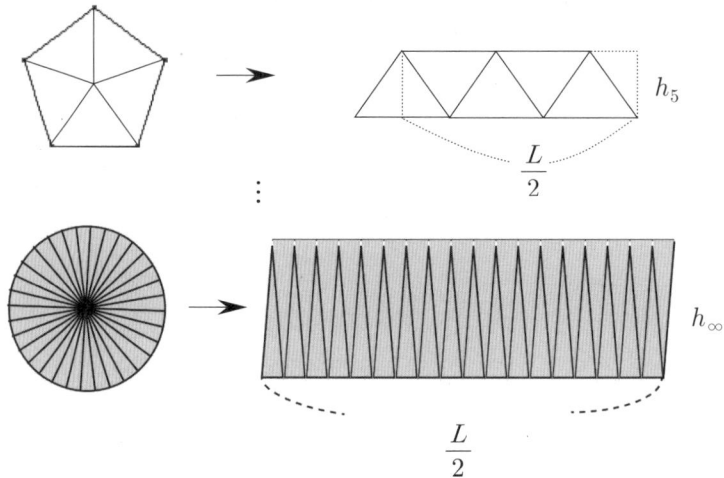

마지막 그림은 초등학교에서 원의 넓이를 구할 때 사용하는 방법이다. 이와 같은 방법으로 등주문제의 답이 원임을 이해할 수 있다. 실제로 둘레의 길이가 일정한 정다각형의 극한은 원인데, 이 결과가 우리가 원하는 등주문제의 답이다.

오른쪽 그림과 같이 둘레의 길이가 L인 정n각형의 무게중심에서 한 변까지의 거리와 한 꼭짓점까지의 거리 즉, 내접원의 반지름을 h_n, 외접원의 반지름을 r_n이라 하자. 그러면 내접원의 반지름 h_n은 다음과 같다.

$$h_n = \frac{1}{2} \cdot \frac{L}{n} \cdot \tan\left(\frac{(n-2)\pi}{2n}\right)$$

$$= \frac{L}{2} \cdot \frac{\frac{1}{\pi}\cos\frac{\pi}{n}}{\frac{n}{\pi}\sin\frac{\pi}{n}}$$

따라서 $\lim\limits_{n\to\infty} h_n = \dfrac{L}{2\pi}$ 을 얻을

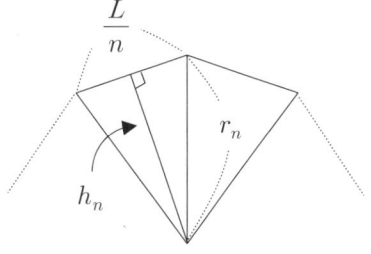

수 있고, $\dfrac{L}{2\pi}$는 원의 둘레가 L인 원의 반지름이다.

한편 정n각형의 외접원의 반지름 r_n은 다음과 같다.

$$r_n = \dfrac{1}{2} \cdot \dfrac{L}{n} \cdot \dfrac{1}{\cos\left(\dfrac{(n-2)\pi}{2n}\right)}$$

$$= \dfrac{L}{2\pi} \cdot \dfrac{1}{\dfrac{n}{\pi}\sin\dfrac{\pi}{n}}$$

따라서 내접원과 마찬가지로 $\lim\limits_{n\to\infty} r_n = \dfrac{L}{2\pi}$을 얻을 수 있다. 즉, 내접원과 외접원의 반지름의 극한이 같음을 알 수 있는데, h_n은 위로 유계인 증가수열인 반면 r_n은 아래로 유계인 감소수열이다. 결국 내접원은 반지름이 증가하면서 원의 둘레가 L인 원에 수렴하고 외접원은 반지름이 감소하면서 원의 둘레가 L인 원에 수렴한다.

➥ 등주문제의 증명

위에서 보았듯이 둘레의 길이가 일정할 때 가장 넓은 넓이를 갖는 것은 원이다. 하지만 당연한 것 같은 디도의 문제의 엄밀한 증명은 19세기에 들어와서야 스위스의 수학자 스타이너(Jacob Steiner, 1796 – 1863)에 의해 우여곡절 끝에 이루어졌다. 그는 사영기하학에 커다란 공헌을

했는데, 그의 방법은 2차원 평면뿐만 아니라 모든 차원의 유클리드 공간에도 적용되므로 주어진 넓이의 $n-1$차원 닫힌곡면 중 가장 큰 부피를 둘러싸는 것은 n차원 공이라는 좀 더 일반적인 사실이 성립하게 된다. 여기서 닫힌곡면이란 간단히 말하면 평면 위의 어떤 영역이 선으로 연결되어 뚫린 곳이 없다는 의미이다.

스타이너는 등주문제에 대하여 기하학적인 방법을 이용하여 증명했는데, 그가 사용한 주된 전략은 다음과 같다.

'F를 일정한 둘레의 길이를 가지는 평면도형 중에서 그 넓이가 최대인 도형이라고 하자. F가 원이 아니라면 넓이를 더 크게 할 수 있다.'

이와 같은 전략으로 그가 사용한 몇 가지 아이디어를 살펴보자.

첫 번째는 일정한 둘레의 길이를 가지는 평면도형 중에서 그 넓이가 최대인 도형을 F라 하자. 그러면 F는 볼록(convex) 곡선이다. 그 이유는 오른쪽 그림과 같은 오목한 폐곡선을 생각하자. 이 곡선 위의 두 점 A, B를 잡아 이은 선분 AB를 기준으로 두 개의 호 C, D가 같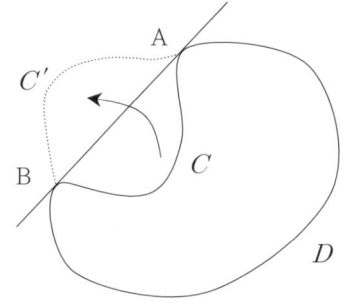은 쪽에 있게 할 수 있다. 이때 선분 AB에 가까운 호를 차례로 ACB, ADB라 하면 처음에 주어진 오목한 폐곡선은 ACBDA로 표현할 수 있다.

한편 호 ACB를 선분 AB에 대칭시켜 이동한 호를 AC'B이라 하면 새로운 폐곡선 AC'BDA를 얻을 수 있다. 이때 새로 얻어진 폐곡선의 넓이는 처음에 주어진 폐곡선보다 AC'BCA만큼 넓어졌음을 알 수 있다. 즉, 둘레의 길이가 일정할 때, 곡선의 오목한 부분을 볼록하게 바꾸면 넓이가 넓어지므로 일정한 둘레의 길이를 가지는 평면도형 중에서 넓이가 최대가 되려면 볼록 곡선이어야 함을 알 수 있다.

두 번째 아이디어는 F의 둘레의 길이를 반으로 나눈 선분 L은 F의 넓이도 반으로 나눈다는 것이다.

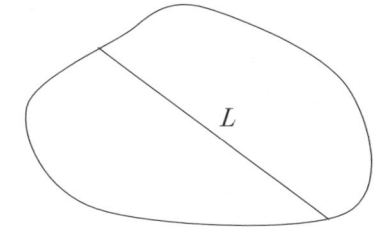

만일 넓이를 반으로 나누지 않으면 더 큰 반쪽을 선분 L로 대칭시키면 둘레의 길이를 변화시키지 않고 넓이를 더 키울 수 있게 되는데, 이것은 F가 가장 넓다는 가정에 모순이다.

세 번째는 앞의 두 가지 아이디어로부터 얻어진 반곡선의 원주각이 항상 90°라는 것이다.

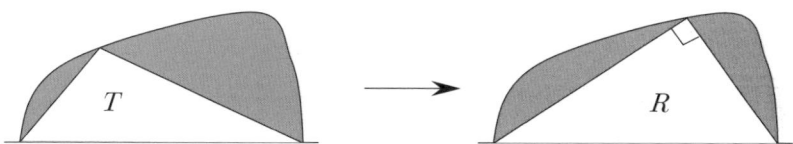

만일 원주각이 90°가 아니라면 위의 그림에서 색칠한 부분의 넓이 변화 없이 원주각을 90°로 만들면 삼각형 T의 넓이보다 삼각형 R의 넓이는 더 넓어진다. 그 이유는 주어진 두 변을 가지는 삼각형 중에서 두 변이 직각을 이루는 경우 즉, 직각삼각형인 경우에 넓이가 최대이기 때문이다.

이와 같은 아이디어를 바탕으로 스타이너는 평면에서의 등주문제를 증명하였다. 그리고 평면에서 디도의 문제가 해결된 이후에 수학자들은

원리와 개념을 잡아주는 수학법칙

이것을 곡면으로 확장하려는 시도를 했다. 그리하여 1933년에 독일에서 태어난 영국의 수학자 라도(Richard Rado, 1906-1989)가 공간에서의 등주문제를 해결했다. 이와 같은 원리를 가장 잘 설명하고 있는 것은 비눗물로 만들 수 있는 비누막이다. 사실 이 원리를 설명하기 위해서는 '극소곡면의 원리'라는 고차원적인 수학이 필요하지만 여기서 그 자세한 내용은 소개하지 않겠다. 다만 이 원리가 실제로 적용되는 비누 막을 간단히 소개한다. 비눗물로 비누 막을 만들면 비누 막은 곡면을 가능하면 작게 형성하려는 극소곡면상태를 유지하려 한다. 또한 약간 변형해서 곡면의 모양을 크게 했을지라도 금방 원상태인 극소곡면상태로 돌아간다.

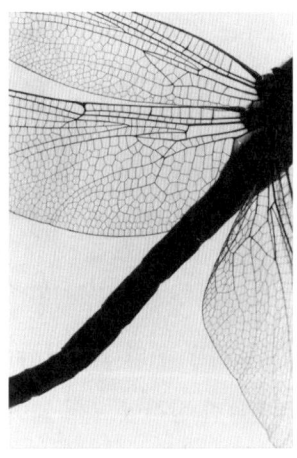

잠자리의 날개를 확대한 모습

비누막이 가지고 있는 극소곡면의 성질을 이용하면 여러 도시를 잇는 도로망이나 통신망을 설계할 때 각 도시를 잇는 최단선을 찾는 문제를 해결할 수 있다. 비누막 구조는 자연에서도 벌집의 구조, 잠자리 날개의 무늬 등에서 찾아볼 수 있다. 이 원리는 건축에서도 활용되었는데, 독일의 뮌헨 올림픽 경기장이 가장 대표적인 것이다. 뮌헨 올림픽 경기장의 지붕은 프라이 오토가 이끄는 슈투트가르트 대학의 한 연구소가 디자인했다. 그 연구소 직원들은 경기장을 멋지게 디자인하는 것보다 단순한 형태로 디자인하길 원했다. 그래서 그들은 어릴 적 놀던 비눗방울에 주목하게 되었다. 당시 슈투트가르트 연구소의 연구원들이 비눗물과 철사를 이용하여 어떤 모양의 비누막이 나오는지를 수천 번을 거듭하여 올림픽 경기장에 가장 알맞은 형태를 골랐다고 한다.

비누막을 이용하여 설계된 독일의 뮌헨 올림픽 경기장의 지붕. 마치 경기장의 지붕에 거대한 비누 막을 친 것 같다.

수학자들은 종종 아무 쓸데없는 것에 목숨을 걸고 연구하는 어리석은 사람들이기도 하지만, 결국 그런 수학자들이 만들어 놓은 것들은 현실에서 너무도 아름답고 유용하게 사용되고 있다.

참고문헌

1. 이광연, 세계사를 한눈에 꿰뚫는 비하인드 수학파일, 예담, 2011.
2. Howard Eves(이우영, 신항균 역), An Introduction to the History of Mathematics, 경문사, 1995.

Chapter 8

진법, 무리수 그리고 소수

원리와 개념을 잡아주는 수학법칙

원리와 개념을 잡아주는 수학법칙

01 십이진법

일 년은 열두 달이고 시계의 눈금은 열두 개로 나누어져 있으며 한 다스(dozen)는 열두 개로 이루어져 있다. 또 아직도 서양 몇몇 나라에서 1피트는 12인치이다. 특히 예전 영국의 화폐 단위에서 1파운드가 20실링이며 1실링은 12펜스였다. 영국의 화폐단위는 이십진법과 십이진법이 혼합된 특이한 경우였지만 이 화폐 단위는 1971년에 폐지되었다.

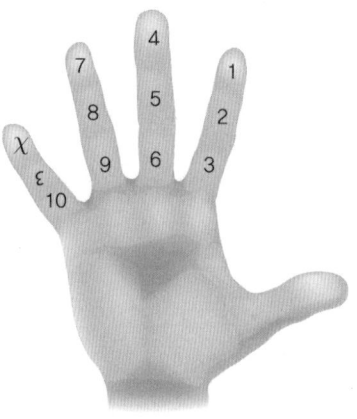

십이진법은 동양에서도 흔히 사용하던 진법이었다. 가장 대표적인 예는 바로 천간과 지간인데, 천간은 갑, 을, 병, 정, 무, 기, 경, 신, 임, 계의 10개이고 지간은 자, 축, 인, 묘, 진, 사, 오, 미, 신, 유, 술, 해로 12개이다. 특히 우리 선조들은 천간의 10, 지간의 12, 음양의 2, 오행의 5를 모두 결합하여 60진법으로 세상의 이치를 이해하여 했다. 이와 같은 진법은 모두 손가락을 이용하여 셀 수 있었기 때문인데, 이진법과 오진법 그리고 십진법은 손가락으로 셀 수 있다. 물론 십이진법의 수도 오른쪽 그림과 같이 모두 손가락으로 셀 수 있다.

어쨌든 수 12는 십진법의 기본수 10보다 진약수가 많다. 즉 12의 진약수는 1, 2, 3, 4, 6이고 10의 진약수는 1, 2, 5이다. 그래서 십진법에서 10의 $\frac{1}{3}$은 3.333…와 같은 무한소수이지만 십이진법에서 12의 $\frac{1}{3}$은

4이다. 따라서 십진법보다 십이진법이 복잡한 소수의 계산을 피할 수 있다. 수의 표시법으로서는 십이진법이 십진법보다 우수하다고도 하지만 십진법을 더 많이 사용하면서 십이진법은 사라져갔다.

비록 십이진법뿐만 아니라 진법 전체가 현행 교육과정에서 삭제되었다고 하더라도 그 내용의 중요성조차 사라진 것은 아니다. 또 십진법에 익숙한 우리에게 진법의 기본수가 바뀌었을 때 발생할 수 있는 다양한 사실을 살펴봄으로써 생각의 힘을 키울 수 있다. 그래서 이번에는 진법 특히 지금까지 잘 다루지 않았던 십이진법에 대하여 자세히 알아보자.

▶ 십이진법

십이진법은 열두 개의 숫자만을 이용하여 수를 나타내는 방법이다. 십이진법은 열두 개의 숫자를 사용하므로 십이진법의 수를 표현할 때, 십진법에서 사용하는 열 개의 숫자 0, 1, 2, 3, 4, 5, 6, 7, 8, 9와 또 다른 두 개의 숫자가 필요한데, 십이진법에 관한 수학적 내용을 전문적으로 연구하기 위해 결성된 '미국의 십이진법학회(The Dozenal society of America)'에서는 공식적으로 10은 χ로, 11은 ϵ으로 나타내고 χ를 'del', ϵ을 'el' 12를 나타내는 10을 'do'라고 읽는다. 즉 미국의 십이진법학회에 따르면 십이진법의 기수법과 명수법은 다음 표와 같다.

원리와 개념을 잡아주는 수학법칙

십진법 수	기수법	명수법
1	1	one
2	2	two
3	3	three
4	4	four
5	5	five
6	6	six
7	7	seven
8	8	eight
9	9	nine
10	χ	del
11	ϵ	el
12	10	do

십진법의 수를 십이진법으로 변환하는 방법은 십진법을 이진법으로 변환할 때와 마찬가지이다. 즉, 주어진 십진법 수를 12로 계속 나누어 나머지를 거꾸로 쓰면 된다. 이를테면 십진법의 수 437을 다음과 같은 방법으로 십이진법의 수 $305_{(12)}$로 나타낸다.

```
12 | 437
12 |  36 … 5
12 |   3 … 0
        0 … 3
```

또 십이진법의 수 $305_{(12)}$은 다음과 같이 12의 거듭제곱을 사용한 십이진법의 전개식으로 나타낼 수 있다.

$$305_{(12)} = 3 \times 12^2 + 0 \times 12 + 5 = 437$$

Chapter 8 진법, 무리수 그리고 소수

한편 십이진법의 덧셈과 곱셈은 다음 표와 같다.

0	1	2	3	4	5	6	7	8	9	χ	ε
1	2	3	4	5	6	7	8	9	χ	ε	10
2	3	4	5	6	7	8	9	χ	ε	10	11
3	4	5	6	7	8	9	χ	ε	10	11	12
4	5	6	7	8	9	χ	ε	10	11	12	13
5	6	7	8	9	χ	ε	10	11	12	13	14
6	7	8	9	χ	ε	10	11	12	13	14	15
7	8	9	χ	ε	10	11	12	13	14	15	16
8	9	χ	ε	10	11	12	13	14	15	16	17
9	χ	ε	10	11	12	13	14	15	16	17	18
χ	ε	10	11	12	13	14	15	16	17	18	19
ε	10	11	12	13	14	15	16	17	18	19	1χ

1	2	3	4	5	6	7	8	9	χ	ε	10
2	4	6	8	χ	10	12	14	16	18	1χ	20
3	6	9	10	13	16	19	20	23	26	29	30
4	8	10	14	18	20	24	28	30	34	38	40
5	χ	13	18	21	26	2ε	34	39	42	47	50
6	10	16	20	26	30	36	40	46	50	56	60
7	12	19	24	2ε	36	41	48	53	5χ	65	70
8	14	20	28	34	40	48	54	60	68	74	80
9	16	23	30	39	46	53	60	69	76	83	90
χ	28	26	34	42	50	5χ	68	76	84	92	χ0
ε	1χ	29	38	47	56	65	74	83	92	χ1	ε0
10	20	30	40	50	60	70	80	90	χ0	ε0	100

약간 생소하겠지만 위의 표에서 χ는 십진법으로 10이고 ϵ은 11이므로 $\chi + \epsilon$은 십진법으로 10+11=21이고 21=12+9이므로 21을 십이진법으로 전환하면 $19_{(12)}$이다. 또 $\epsilon + \epsilon = 1\chi$인데, ϵ은 십진법으로 11이므로 $\epsilon + \epsilon$은 십진법으로 22이고, 22=12+10이므로 십이진법의 수로 나타내면 1χ이다. 이와 같은 덧셈과 곱셈에 의하면 다음 식이 성립한다.(앞으로 χ나 ϵ이 있어서 십이진법임을 알 수 있는 경우에는 숫자 밑에 첨수 (12)를 표시하지 않는다.)

$$\epsilon + \chi = 19, \quad \chi - 9 = 1, \quad 8 \times \epsilon = 74, \quad 1\chi \div 2 = \epsilon$$

▶ 십이진법의 연산

십진법을 기초로 배웠던 문자와 식의 덧셈과 곱셈에서도 십이진법을 적용할 수 있다. 일반적으로 알고 있는 a를 b번 더하라는 뜻의 $a \times b$는 십이진법에서도 그대로 적용된다. 하지만 그 결과에 조심해야 한다. 이를테면 7을 8번 더하라는 7×8은 56이지만 십이진법에서는 $48_{(12)}$이다. 여기서 $48_{(12)}$은 다스가 4개 있고 낱개로 8이 더 있다는 의미이다. 또 ϵ을 χ번 더하라는 $\epsilon \times \chi$는 십진법으로 $11 \times 10 = 110$이므로 다음과 같이 십이진법으로 나타낼 수 있다.

$$\epsilon \times \chi = \chi + \chi + \chi + \chi + \chi + \chi + \chi + \chi + \chi + \chi + \chi = 92_{(12)}$$

십진법의 사칙연산을 받아올림과 받아내림을 사용하여 정확히 계산할 수 있듯이 십이진법의 사칙연산에서도 받아올림과 받아내림을 사용한다. 즉, 다음 예와 같이 덧셈과 뺄셈에서 받아올림과 받아내림을 한다.

$$\begin{array}{r} 1 \\ 467 \\ +238 \\ \hline 6\chi 3 \end{array}$$

◀ $7_{(12)} + 8_{(12)} = 13_{(13)}$ 이므로 1을 받아올림

$$\begin{array}{r} 1 \\ 463 \\ -12\chi \\ \hline 325 \end{array}$$

◀ $3_{(12)}$는 χ보다 작으므로 받아내림하여 $13_{(12)} - \chi = 5_{(12)}$이다. 그러면 둘째 자리의 6은 5가 된다.

위의 십이진법 덧셈 $467_{(12)} + 238_{(12)}$에서 $7_{(12)}$과 $8_{(12)}$을 더하면 $13_{(12)}$이므로 12의 1승 자리로 1을 받아올림한 것이다. 또 $1_{(12)} + 6_{(12)} + 3_{(12)} = \chi$이므로 $467_{(12)} + 238_{(12)} = 6\chi3_{(12)}$이다. 뺄셈 $463_{(12)} - 12\chi_{(12)}$에서 $3_{(12)}$는 χ보다 작으므로 받아내림하여 $13_{(12)} - \chi = 5_{(12)}$이다.

따라서 $463_{(12)} - 12\chi_{(12)} = 325_{(12)}$이다.

십이진법의 곱셈 $6\chi3_{(12)} \times 24_{(12)}$과 나눗셈도 덧셈과 뺄셈에서와 마찬가지로 받아올림과 받아내림을 사용하여 다음 예와 같이 수행할 수 있다.

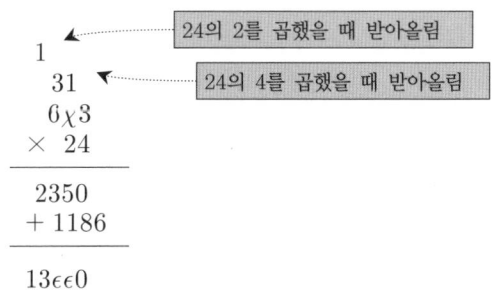

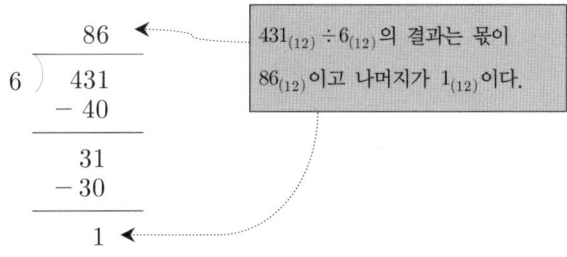

원리와 개념을 잡아주는 수학법칙

▶ 십이진법의 일차방정식

이제 간단한 십이진법의 일차방정식을 풀어보자. 실제로 십이진법의 일차방정식의 풀이는 우리가 알고 있는 일반적인 방정식의 풀이와 같다. 다만 진법이 다르므로 수의 크기와 표기에 주의해야 한다.

예제 1 $x + \chi = \epsilon$을 풀어라.

풀이   십이진법의 수 χ와 ϵ는 십진법으로 각각 10과 11이므로 $x = 1_{(12)}$이다. 이 방정식은 양변에 같은 수를 더해도 등호가 성립한다는 등식의 성질을 이용하여 다음과 같이 풀 수 있다.

$$\begin{array}{rcl} x + \chi &=& \epsilon \\ 0 + (-\chi) &=& -\chi \\ \hline x &=& \epsilon - \chi \\ x &=& 1 \end{array}$$

예제 2 $x - 145_{(12)} = 789_{(12)}$를 풀어라.

풀이   양변에 $145_{(12)}$를 더하면 $x = 789_{(12)} + 145_{(12)}$이므로

$$\begin{array}{r} 11 \\ 789 \\ + 145 \\ \hline 912 \end{array}$$

이다. 따라서 $x = 912_{(12)}$이다.

Chapter 8 진법, 무리수 그리고 소수

예제 3 $\dfrac{x}{6_{(12)}} = 8_{(12)}$을 풀어라.

풀이 양변에 $6_{(12)}$를 곱하면

$$6_{(12)} \cdot \left(\dfrac{x}{6_{(12)}}\right) = 6_{(12)} \cdot 8_{(12)}$$

따라서 $x = 6_{(12)} \cdot 8_{(12)} = 40_{(12)}$이다.

예제 4 $2_{(12)}x + 50_{(12)} = 68_{(12)}$을 풀어라.

풀이 먼저 양변에서 $50_{(12)}$를 빼고, 그 결과를 2로 나누면 해 $x = \chi$를 구할 수 있다.

$$\begin{aligned} 2_{(12)}x + 50_{(12)} &= 68_{(12)} \\ -50_{(12)} &= -50_{(12)} \\ 2_{(12)}x &= 68_{(12)} - 50_{(12)} \\ 2_{(12)}x &= 18_{(12)} \\ x &= 18_{(12)} \div 2_{(12)} \\ x &= \chi \end{aligned}$$

원리와 개념을 잡아주는 수학법칙

예제 5 $7_{(12)}x = 53_{(12)}$를 풀어라.

풀이 이 방정식은 매우 간단히 해를 구할 수 있다. 즉 주어진 방정식의 해는 $x = 54_{(12)} \div 7_{(12)}$이다. 그러나 십진법에서 7로 나누면 나누어떨어지지 않는 경우가 많기 때문에 7로 나누는 것은 쉽지 않은 것과 마찬가지로 십이진법에서도 $54_{(12)} \div 7_{(12)}$를 계산하기는 쉽지 않다. $54_{(12)} \div 7_{(12)}$의 계산은 다음과 같이 십진법에서와 마찬가지 방법으로 수행하는데, 나온 결과가 십이진법에서 소수점 아래의 $186\chi35$가 계속 순환하는 소수이다.

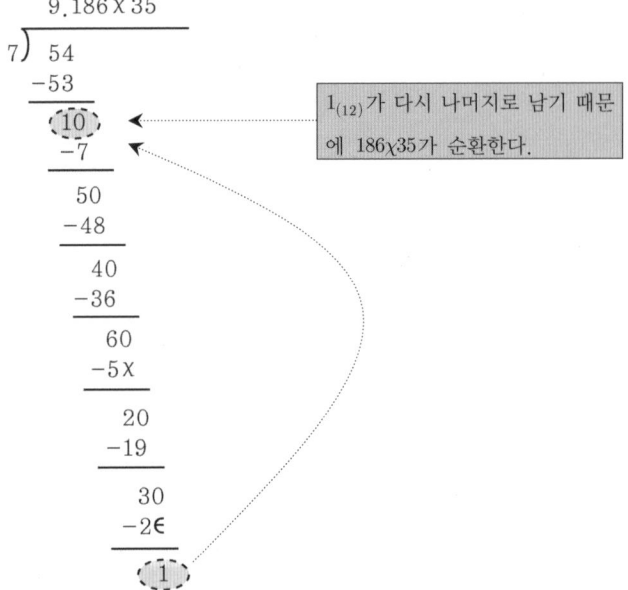

Chapter 8 진법, 무리수 그리고 소수

따라서 방정식 $7_{(12)}x = 53_{(12)}$의 해는

$$x = 9.186\chi35186\chi35186\chi35\cdots = 9.1\dot{8}6\chi3\dot{5}_{(12)}$$

이다.

이와 같은 해를 갖는 이유는 $7_{(12)}$가 십진법의 7과 같은 소수(prime number)이고, 십진법에서 기본수 10과 서로소인 수는 1, 3, 7, 9이지만 십이진법에서 기본수 12와 서로소인 수는 $1_{(12)}$, $5_{(12)}$, $7_{(12)}$, ϵ이기 때문이다.

한편 십진법에서는 13이 소수이지만 십이진법에서 $13_{(12)} = 3_{(12)} \times 5_{(12)}$ 이므로 $13_{(12)}$는 소수가 아니다. 따라서 십이진법에서 서로소와 소수는 우리가 일반적으로 알고 있는 십진법의 소수와는 다르다. 즉, 십진법에 익숙해져 있는 우리에게 수학적으로 당연하다고 생각했던 것들이 십이진법에서는 맞지 않는 경우가 있다. 그렇지만 진법의 수학적의미를 정확하게 이해하고 있다면 어렵지 않게 주어진 문제를 해결할 수 있다. 결국 우리에게 필요한 것은 당연하다고 생각하던 것들의 기본 원리를 완벽하게 이해해야 한다는 것이다. 그래야 다양한 수학적 문제를 주어진 조건에서 엄밀하고 정확하게 해결할 수 있다.

02 무리수 증명하기

저연수는 어떤 유한개의 대상을 세고 순서를 정할 때 필요하고, 분수는 길이, 무게, 시간과 같은 다양한 양을 측정하는데 필요하다. 특히 임

의의 두 정수 $p, q(q \neq 0)$에 대하여 $\frac{p}{q}$는 모든 정수와 분수를 포함하므로 실제적인 측정의 목적에 부합하다. 그리고 $\frac{p}{q}$는 $\frac{(비교하는 양)}{(기준 양)}$으로 생각한다면 (비교하는 양):(기준 양)의 비율이다. 그래서 정수와 분수를 비율수라는 의미의 유리수(有理數, rational number)라고 하며 다음과 같이 기하학적으로 해석할 수 있다.

수평선 위에 서로 다른 두 점 O와 I를 표시하는데, I를 O의 오른쪽에 위치하도록 하고 선분 OI를 길이의 단위로 정한다. 이때 O는 0, I는 1이라고 하면 양의 정수와 음의 정수는 모두 이 직선 위에 한 점으로 나타난다.

수평선을 등분하는 것과 같은 방법으로 모든 분수를 얻을 수 있다. 아래 그림에서 단위 구간 OI를 q번 등분하고, P는 선분 OI를 q번 등분한 것 중에서 p번째 점이라고 하자. 선분 OP의 길이는 선분 OI의 길이를 기준 양으로 하여 $\frac{p}{q}$이다. 그러면 분모가 q인 분수는 처음에 정한 단위 구간을 q등분할 때의 각 분점에 의하여 표현되고 분자 p는 q등분된 것 중에서 몇 번째로 표시된다. 이런 의미에서 유리수는 '같은 표준으로 잴 수 있는(commeasurable)' 수이다.

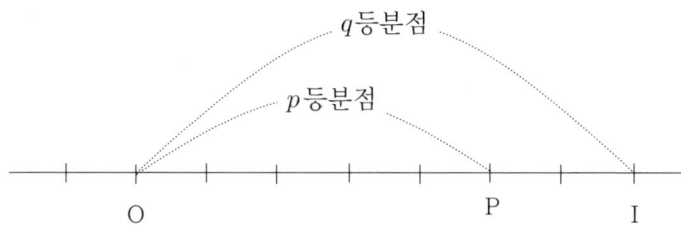

Chapter 8 진법, 무리수 그리고 소수

고대인들은 이런 식으로 수평선 위의 모든 점을 완전히 덮을 수 있을 것으로 생각했다. 그런데 '같은 표준으로 잴 수 없는(incommeasurable)' 수인 무리수(無理數, irrational number)가 등장했다. 처음에 등장한 무리수 $\sqrt{2}$는 단위 변을 갖는 정사각형의 대각선의 길이를 피타고라스 정리로부터 얻을 수 있고 증명도 비교적 쉽다.

$\sqrt{2}$가 유리수라 가정하면 서로소인 두 정수 a, b에 대하여 $\sqrt{2} = \dfrac{a}{b}$이다. 그러면 $a = b\sqrt{2}$이고, $a^2 = 2b^2$이다. a^2이 한 정수의 2배이므로 a^2은 짝수이고, 따라서 a도 짝수이다. 그래서 $a = 2c$라 할 수 있고, $a^2 = (2c)^2 = 4c^2 = 2b^2$이므로 $2c^2 = b^2$이다. 그래서 b^2과 b도 짝수이다. 이것은 a, b가 서로소라는 가정에 모순이므로 $\sqrt{2}$는 유리수가 아닌 무리수이다.

고대 수학자들은 힌동인 $\sqrt{2}$ 이외의 무리수를 찾지 못했는데, 플라톤에 의하면 키레네(Cyrene)의 테오도로스(Theodorus, B.C.425년경)가 $\sqrt{3}$, $\sqrt{5}$, $\sqrt{6}$, $\sqrt{7}$, $\sqrt{8}$, $\sqrt{10}$, $\sqrt{11}$, $\sqrt{12}$, $\sqrt{13}$, $\sqrt{14}$, $\sqrt{15}$, $\sqrt{17}$이 무리수임을 보였다고 한다. 그 이후에 플라톤의 제자이며 피타고라스학파의 아르키타스(Archytas)의 제자이기도 한 에우독소스(Eudoxus)가 비례에 대한 새로운 정의를 만들어 무리수의 난해함을 정리했다.

원리와 개념을 잡아주는 수학법칙

▶ 무리수 증명하기

대부분의 수학교과서나 교재에서는 $\sqrt{2}$가 무리수임만을 보이기 때문에 다른 수들이 무리수임을 보이는 방법이 궁금할 것이다. 그래서 여기서는 $\sqrt{2}$ 이외의 수들에 대하여 무리수임을 증명하는데, 무리수는 무수히 많기 때문에 $\sqrt{3}$, $\sqrt{5}$, $\sqrt{6}$, $\sqrt{7}$이 무리수임을 보일 것이다. 기본적으로 증명방법은 $\sqrt{2}$가 무리수임을 보이는 것과 흡사하다.

먼저 $\sqrt{3}$이 무리수임을 보이자. $\sqrt{2}$와 마찬가지로 $\sqrt{3}$이 유리수라면 서로소인 두 정수 a, b에 대하여 $\sqrt{3} = \dfrac{a}{b}$이다. 양변을 제곱하면 $3 = \dfrac{a^2}{b^2}$, 즉 $a^2 = 3b^2$이다. 만약 b가 홀수이면 b^2과 3은 홀수이므로 $3b^2$는 홀수이다. 즉, (홀수)×(홀수)=(홀수)이므로 $3b^2 = a^2$에서 a^2은 홀수이다. 따라서 a도 홀수이다.

한편 b가 짝수이면 b^2은 짝수이고 짝수에 3을 곱한 결과도 짝수이므로 $3b^2$즉, a^2은 짝수이다. 따라서 a도 짝수이다. 결국 b가 짝수이면 a도 짝수가 되므로 a, b가 서로소라는 가정에 모순이다. 마찬가지로 a가 짝수이면 b도 짝수이므로 다시 a, b가 서로소라는 가정에 모순이다. 그래서 a, b는 모두 홀수여야 한다.

a, b가 홀수이므로 적당한 두 정수 m, n에 대하여
$$a = 2m + 1, \ b = 2n + 1$$
라 하고, $a^2 = 3b^2$에 대입하여 다음과 같이 정리할 수 있다.

Chapter 8 진법, 무리수 그리고 소수

$$3(4n^2+4n+1) = 4m^2+4m+1$$
$$\Leftrightarrow 12n^2+12n+3 = 4m^2+4m+1$$
$$\Leftrightarrow 12n^2+12n+2 = 4m^2+4m$$
$$\Leftrightarrow 6n^2+6n+1 = 2(m^2+m) \qquad \cdots\cdots(\text{※})$$

그런데 (*)의 좌변은 홀수이고 우변은 짝수이다. 따라서 식 (*)를 만족하는 m, n은 존재하지 않으므로 $\sqrt{3} = \dfrac{a}{b}$인 정수 a, b는 존재하지 않고, 결국 $\sqrt{3}$은 무리수이다.

$\sqrt{5}$가 무리수임을 보이는 것도 유리수라고 가정하고 시작한다. $\sqrt{5}$가 유리수라면 서로소인 두 정수 a, b에 대하여 $\sqrt{5} = \dfrac{a}{b}$이다. 양변을 제곱하면 $5 = \dfrac{a^2}{b^2}$, 즉 $a^2 = 5b^2$이므로 a^2은 5의 배수이다. 그런데 a^2의 소인수는 a의 소인수를 2번씩 곱한 것이고, 5가 소수이므로 5가 a의 소인수가 아니면 5는 a^2의 소인수도 아니다. 그런데 5가 a^2의 소인수이므로 5는 a의 소인수이기도 하다. 따라서 a는 5의 배수이므로 적당한 정수 c에 대하여 $a = 5c$이다.

이제 $a^2 = 5b^2$에 $a = 5c$를 대입하면 $(5c)^2 = 5b^2$, 즉 $b^2 = 5c^2$이므로 앞에서와 마찬가지 이유로 b도 5의 배수이다. 그러면 두 정수 a, b는 모두 5의 배수가 되어 서로소라는 가정에 모순이다. 따라서 a, b가 홀수든지 짝수든지에 관계없이 $\sqrt{5}$가 유리수라는 가정에 모순이므로 $\sqrt{5}$는 무리수이다.

$\sqrt{5}$가 무리수임은 다른 방법으로도 증명할 수 있다. 우선 앞에서와

같이 $\sqrt{5}$가 유리수라면 서로소인 두 정수 a, b에 대하여 $\sqrt{5} = \dfrac{a}{b}$이다. 이때 b는 $\sqrt{5} = \dfrac{a}{b}$인 분수 중에서 분모가 가장 작은 양의 정수라고 가정하자. 5가 4와 9 사이이므로 $\dfrac{a}{b}$는 2와 3 사이의 분수이다. 즉, $2 < \dfrac{a}{b} < 3$이므로 $2b < a < 3b$이다. 이 부등식의 각 항에서 $2b$를 빼면 $0 < a - 2b < b$이므로 $a - 2b$는 b보다 작은 양의 정수이다.

한편 $2 < \dfrac{a}{b} < 3$이므로 $0 < \dfrac{a}{b} - 2$이고 다음식이 성립한다.

$$\sqrt{5} = \dfrac{a}{b} = \dfrac{a}{b} \times \dfrac{\dfrac{a}{b} - 2}{\dfrac{a}{b} - 2}$$

$$= \dfrac{\left(\dfrac{a}{b}\right)^2 - 2\left(\dfrac{a}{b}\right)}{\dfrac{a}{b} - 2}$$

그런데 $\left(\dfrac{a}{b}\right)^2 = 5$이므로 위 식을 정리하면 다음과 같다.

$$\sqrt{5} = \dfrac{5 - 2\left(\dfrac{a}{b}\right)}{\dfrac{a}{b} - 2}$$

$$= \dfrac{5b - 2a}{a - 2b}$$

즉, $\sqrt{5}$를 분모가 가장 작은 분수로 나타냈을 때 $\sqrt{5} = \dfrac{a}{b}$이었는데,

$\sqrt{5} = \dfrac{5b-2a}{a-2b}$는 분모가 b보다 더 작은 분수이므로 $\sqrt{5}$가 유리수라는 가정에 모순이다. 따라서 $\sqrt{5}$는 무리수이다.

이제 $\sqrt{6}$이 무리수임을 증명하자. $\sqrt{6}$이 유리수라면 서로소인 두 정수 a, b에 대하여 $\sqrt{6} = \dfrac{a}{b}$이다. 양변을 제곱하면 $6 = \dfrac{a^2}{b^2}$, 즉 $a^2 = 6b^2$이므로 a^2과 a는 짝수이다. 따라서 $a = 2c$라 하면 다음이 성립한다.

$$a^2 = 6b^2 \Leftrightarrow (2c)^2 = (2 \cdot 3)b^2$$
$$\Leftrightarrow 2c^2 = 3b^2$$

위 식으로부터 $3b^2$이 짝수이고 3이 홀수이므로 b^2과 b가 짝수이다. 즉, a, b는 모두 짝수이므로 서로소가 아니다. 따라서 가정에 모순이므로 $\sqrt{6}$은 무리수이다.

마지막으로 $\sqrt{7}$이 무리수임을 증명하자. $\sqrt{7}$이 유리수라면 서로 소인 두 정수 a, b에 대하여 $\sqrt{7} = \dfrac{a}{b}$이다. 양변을 제곱하면 $7 = \dfrac{a^2}{b^2}$, 즉 $a^2 = 7b^2$이므로 a^2은 7의 배수이다. 그런데 a^2의 소인수는 a의 소인수를 2번씩 곱한 것이고 7이 소수이므로 7이 a의 소인수가 아니면 7은 a^2의 소인수도 아니다. 또 7이 a^2의 소인수이므로 7은 a의 소인수이기도 하다. 따라서 a는 7의 배수이고 적당한 정수 c에 대하여 $a = 7c$이다. $a^2 = 7b^2$에 $a = 7c$를 대입하면 $(7c)^2 = 7b^2$, 즉 $b^2 = 7c^2$이므로 앞에서와 마찬가지 이유로 b도 7의 배수이다. 즉 두 정수 a, b는 서로소가 아니다. 따라서 $\sqrt{7}$이 유리수라는 가정에 모순이므로 $\sqrt{7}$은 무리수이다.

위의 증명을 좀 더 명확하게 살펴보기 위하여 나눗셈 정리를 이용하여 증명을 확인해 보자. 나눗셈 정리는 다음과 같다.

> ▶ **나눗셈 정리**
> 주어진 정수 n과 m에 대하여 $n = mq + r$, $0 \leq r < m$을 만족하는 정수 q와 r이 유일하게 존재한다.

이 정리에 의하면 어떤 정수 c를 7로 나누면 $c = 7q + r$, $0 \leq r < 7$ 와 같이 표현할 수 있다.

따라서 $\sqrt{7} = \dfrac{a}{b}$ 일 때, $a = 7l + m$, $b = 7k + n$, $0 \leq m, n < 7$을 만족하는 정수 l, k, m, n이 유일하게 존재한다. 특히 m, n이 정수이므로 $0 \leq m, n < 7$은 $0 \leq m, n \leq 6$이다. 그러면 $7 = \dfrac{a^2}{b^2}$, 즉 $a^2 = 7b^2$이므로 다음이 성립한다.

$$(7l + m)^2 = 7(7k + n)^2$$
$$\Leftrightarrow 49l^2 + 14lm + m^2 = 7(49k^2 + 14kn + n^2)$$
$$\Leftrightarrow 49l^2 + 14lm + m^2 = 343k^2 + 98kn + 7n^2$$

위의 마지막 식에서 알 수 있듯이 우변

$$343k^2 + 98kn + 7n^2$$

이 7의 배수이므로 좌변

$$49l^2 + 14lm + m^2$$

도 7의 배수가 되어야 한다. 그러려면 m^2이 7의 배수가 되어야 한다.

한편 m은 $0 \leq m \leq 6$이므로 0, 1, 2, 3, 4, 5, 6 중 하나인데, 0을 제외하고는 어느 수의 제곱도 7의 배수가 아니다. 따라서 $m = 0$이고, 이것을 식에 대입하면

$$49l^2 = 343k^2 + 98kn + 7n^2$$

이다. 이 식의 양변을 7로 나누면

$$7l^2 = 49k^2 + 14kn + n^2$$

이므로 이 식의 좌변이 다시 7의 배수이다. 결국 앞에서와 마찬가지 이유로 $n = 0$임을 알 수 있다.

따라서 $a = 7l + m$, $b = 7k + n$, $0 \leq m, n < 7$에서 $m = 0$, $n = 0$이므로 $a = 7l$, $b = 7k$이다. 그러면 a와 b는 모두 7의 배수이므로 서로소라는 가정에 모순이다. 그러므로 $\sqrt{7}$은 무리수이다.

앞에서와 같은 방법으로 테오도로스는 나머지 $\sqrt{11}$, $\sqrt{12}$, $\sqrt{13}$, $\sqrt{14}$, $\sqrt{15}$, $\sqrt{17}$이 무리수임을 보였다. 이런 방법이 오늘날에는 지루하게 느껴지지만 당시에는 획기적인 것이었고 대단한 수학적 성취였다. 여기서 증명하지 않았던 나머지 것의 증명에 도전하여 테오도로스가 느꼈을 수학적 성취감을 여러분도 느껴보기 바란다.

03 리만가설

1800년대가 시작되면서 수학은 기하학과 대수학 그리고 함수를 주로 다루는 해석학에서 놀라운 업적을 이루었다. 이 시기에는 교통이 발달하기 시작하여 지역뿐만 아니라 나라 사이에도 예전에는 몇 달씩 걸리

던 편지가 길어야 한 달 정도로 짧아졌다. 여러 가지 변화에 힘입어 수학을 전문적으로 다루는 잡지가 출판되기 시작하였고, 수학자들끼리 개인적인 왕래도 증가했다. 또 유럽의 각 나라와 미국에서는 수학회와 수학자들의 국제적인 모임이 만들어지면서 서로간의 교류가 매우 활발하게 진행되었다.

▶ 힐베르트의 23개 문제

각각의 학회에서 활동하던 여러 나라의 수학자들은 국제적인 수학모임이 필요하다고 생각하여 1893년 미국의 시카고에서 최초의 국제수학자 학술대회를 열었다. 이 모임은 4년 뒤인 1897년에 첫 공식적인 수학자들의 정기 학술대회로 자리 잡게 되었는데, 이것이 바로 국제 수학자 회의(International Congress of Mathematicians, ICM)이다. 4년마다 개최되고 있는 이 대회의 첫 번째 개최지는 스위스의 취리히였고, 두 번째는 1900년 프랑스의 파리였다. 이 대회는 2000년대에 들어서며 2002년에는 중국의 베이징, 2006년에는 스페인의 마드리드에서 열렸으며, 2010년에는 인도의 하이데라바드, 2014년에는 우리나라의 서울에서 개최되었다. 전 세계의 수학자들이 모여 수학에 관한 회의를 하는 이 대회는 두 가지 이유에서도 유명하다. 첫째는 1900년 회의에서 발표된 독일의 수학자 다비드 힐베르트(David Hilbert, 1862~1943)의 23개 문제 때문이고, 둘째는 바로 이 대회에서 필즈상을 수여하기 때문이다.

19세기 후반에 이르러 수학에 관심을 갖는 사람들이 많아지며 수학자들이 많아지게 되었다. 그래서 더 이상 그 기간 동안에 수학을 대표하는

Chapter 8 진법, 무리수 그리고 소수

사람들로 몇몇 뛰어난 인물을 꼽을 수 없게 되었다. 그리고 어느 누구도 폭발적으로 발전하고 있는 수학의 미래를 예측할 수 없었다. 수학의 미래를 짐작할 수 없다는 것은 어떤 문제가 수학적으로 의미가 있고 문명을 발전시키는데 필요한 문제인가를 판단할 수 없다는 뜻이다. 특히 수학자들은 수학의 황제 가우스(Carl Friedrich Gauss, 1777~1855)가 죽자 두 번 다시 그런 인물이 나타나지 않을 것이라며 더욱 당황하게 되었다. 하지만 얼마 후에 수학자들의 걱정을 해결해 준 뛰어난 인물인 프랑스의 앙리 푸앵카레(Henri Poincaré, 1854~1912)와 힐베르트가 등장한다.

20세기가 시작되는 첫 해인 1900년 프랑스 파리에서 열리게 된 ICM은 독일의 저명한 수학자 힐베르트에게 기념강연을 의뢰했다. 힐베르트는 당시에 복잡하게 얽혀 갈 길을 찾지 못하고 있던 수학의 미래를 조망하는 강연을 하기로 결심하였다. 그래서 그는 해결되면 수학뿐만 아니라 인류의 문명을 발전시킬 수 있을 것으로 예상되는 23개의 문제를 선택했다. 힐베르트는 자신이 선택한 23개의 문제를 해결하기 위해 다가오는 100년 동안 수학자들은 매우 바쁘게 될 것이며, 미래의 수학에 방향을 제시할 것이라고 생각했다.

힐베르트는 당시 뛰어난 수학자였던 호르비츠(Adilf Hurwitz, 1859~1919)와 민코프스키(Hermann Minkowski, 1864~1909)와 친하게 지내며 수학에 관하여 많은 의견을 나누었다. 특히 두 사람은 힐베르트가 23개의 문제를 선정하는데 많은 조언을 해 주었으며, 강연을 할 때는 23개의 문제 가운데 10개만 발표하라고 충고하였다. 힐베르트는 그들의 의견을 받아들여 10개의 문제만 발표했는데, 그 내용이 매우 중요했기

때문에 강연의 전체 내용이 바로 여러 나라말로 번역되어 출판되었다. 그가 제시한 23개의 문제는 수학에서 다루고 있는 각각의 전문분야에서 중요한 것만을 선별한 것이기 때문에 수학을 전공하고 있는 사람들조차도 23개의 문제를 모두 이해하는 것은 불가능하다. 그래서 여기서는 힐베르트가 제안한 23개의 문제 가운데 소수에 관련된 것 하나만 소개하겠다.

▶ 리만가설

소수가 관련된 문제는 23개의 문제 가운데 8번째로 제시된 것이다. 리만가설로 알려진 문제 8은 '제타함수의 자명하지 않은 모든 근들은 실수부가 $\frac{1}{2}$ 이다.'라는 것으로, 간단히 말하면 주어진 수보다 작은 소수의 개수에 관한 것이다. 이 문제는 아직까지 해결되지 않았으며, 100만 달러의 현상금이 붙어 있기도 하다. 힐베르트는 이 문제가 해결되면 쌍둥이 소수의 쌍이 한없이 있다는 예상도 증명될 수 있을 것이라고 생각했다. 여기서 쌍둥이 소수는 소수 가운데 3과 5, 5와 7, 11과 13 등과 같이 연속한 두 소수의 차이가 2인 소수이다.

우리가 리만가설을 모두 이해하는 것은 쉽지 않다. 하지만 약간의 지식만으로도 '리만가설이란 이런 것이구나!'라고 이해할 수는 있다. 그리고 리만가설의 내용을 조금이라도 이해하기 위해서는 제타함수가 무엇인지 알아야 한다.

리만가설에 등장하는 제타함수는 다음과 같이 정의된다.

$$\zeta(s) = 1 + \frac{1}{2^s} + \frac{1}{3^s} + \frac{1}{4^s} + \frac{1}{5^s} + \frac{1}{6^s} + \frac{1}{7^s} + \frac{1}{8^s} + \cdots$$
$$= \sum_{n=1}^{\infty} \frac{1}{n^s} = \sum_{n=1}^{\infty} n^{-s}$$

즉, 제타함수는 무한급수이다. 예를 들어 $s=0$에서의 제타함수의 값은 다음과 같이 발산한다.

$$\zeta(0) = 1 + \frac{1}{2^0} + \frac{1}{3^0} + \frac{1}{4^0} + \frac{1}{5^0} + \frac{1}{6^0} + \frac{1}{7^0} + \frac{1}{8^0} + \cdots$$
$$= 1 + 1 + 1 + 1 + 1 + 1 + 1 + 1 + \cdots$$

또 $s=-1$에서의 제타함수의 값도 다음과 같이 발산한다.

$$\zeta(-1) = 1 + \frac{1}{2^{-1}} + \frac{1}{3^{-1}} + \frac{1}{4^{-1}}$$
$$+ \frac{1}{5^{-1}} + \frac{1}{6^{-1}} + \frac{1}{7^{-1}} + \frac{1}{8^{-1}} + \cdots$$
$$= 1 + 2 + 3 + 4 + 5 + 6 + 7 + 8 + \cdots$$

그런데 $s=2$에서의 제타함수의 값은 다음과 같다.

$$\zeta(2) = 1 + \frac{1}{2^2} + \frac{1}{3^2} + \frac{1}{4^2} + \frac{1}{5^2} + \frac{1}{6^2} + \frac{1}{7^2} + \frac{1}{8^2} + \cdots$$
$$= 1 + \frac{1}{4} + \frac{1}{9} + \frac{1}{16} + \frac{1}{25} + \frac{1}{36} + \frac{1}{49} + \frac{1}{64} + \cdots$$

이 무한급수도 발산할까?

아니다! $s=2$인 경우 제타함수의 값은 $\zeta(2) = \frac{\pi^2}{6}$이다. 결국 제타함수는 s의 값에 따라서 함숫값을 가질 수도 있고 그렇지 않을 수도 있다.

그렇다면 이 제타함수가 소수와 어떤 관련이 있을까?

현재 소수를 찾는 잘 알려진 방법은 에라토스테네스의 체이다. 에라토스테네스의 체는 자연수를 차례로 써 놓고 1을 제외하고 처음 나오는

수 2에 동그라미를 치고 2의 배수를 모두 지운다. 그런 후 지워지지 않은 수 가운데 처음 나타난 수 3에 동그라미를 치고 3의 배수를 모두 지운다. 다시 지워지지 않은 수 가운데 처음 나타난 수 5에 동그라미를 치고 5의 배수를 모두 지운다. 이와 같은 방법을 계속하면 마지막에는 동그라미 친 수만 남게 되는데, 이때 동그라미를 친 수가 바로 소수들이다.

에라토스테네스의 체는 소수를 찾는 매우 깔끔한 방법이다. 그러나 이 방법은 번거롭고 지루하다. 그래서 소수를 찾는 좀 더 세련된 방법이 필요하다. 이제 그 방법을 제타함수로 알아보자.

앞에서 제타함수는 다음과 같음을 보았다.

$$\zeta(s) = 1 + \frac{1}{2^s} + \frac{1}{3^s} + \frac{1}{4^s} + \frac{1}{5^s} + \frac{1}{6^s} + \frac{1}{7^s} + \frac{1}{8^s} + \cdots \quad \cdots\cdots ①$$

에라토스테네스의 체에서 했던 것처럼 1을 제외하고 처음 나온 $\frac{1}{2^s}$를 이용하여 제타함수의 우변에 무한히 써져 있는 항을 줄여나가자. 제타함수의 양변에 $\frac{1}{2^s}$를 곱하면 지수법칙에 의하여 다음을 얻을 수 있다.

$$\frac{1}{2^s}\zeta(s) = \frac{1}{2^s} + \frac{1}{4^s} + \frac{1}{6^s} + \frac{1}{8^s} + \frac{1}{10^s}$$
$$+ \frac{1}{12^s} + \frac{1}{14^s} + \frac{1}{16^s} + \cdots \quad \cdots\cdots ②$$

이제 ①-②를 계산하면, 좌변은

$$\zeta(s) - \frac{1}{2^s}\zeta(s) = \left(1 - \frac{1}{2^s}\right)\zeta(s)$$

이고 우변은 ①에서 짝수 항만 빠진 다음과 같은 식을 얻는다.

$$\left(1-\frac{1}{2^s}\right)\zeta(s) = 1 + \frac{1}{3^s} + \frac{1}{5^s} + \frac{1}{7^s} + \frac{1}{9^s}$$

$$+ \frac{1}{11^s} + \frac{1}{13^s} + \frac{1}{15^s} + \frac{1}{17^s} + \cdots \quad \cdots\cdots ③$$

③에서 1을 제외하고 처음 나온 $\frac{1}{3^s}$를 다시 ③의 양변에 곱하면 다음과 같다.

$$\frac{1}{3^s}\left(1-\frac{1}{2^s}\right)\zeta(s) = \frac{1}{3^s} + \frac{1}{9^s} + \frac{1}{15^s} + \frac{1}{21^s}$$

$$+ \frac{1}{27^s} + \frac{1}{33^s} + \frac{1}{39^s} + \frac{1}{45^s} + \cdots \quad \cdots\cdots ④$$

이제 ③-④를 계산하면 좌변은

$$\left(1-\frac{1}{2^s}\right)\zeta(s) - \frac{1}{3^s}\left(1-\frac{1}{2^s}\right)\zeta(s) = \left(1-\frac{1}{3^s}\right)\left(1-\frac{1}{2^s}\right)\zeta(s)$$

이고, 우변은 (3의 배수)^{s}인 항이 모두 제거되고 1을 제외한 처음 나오는 항이 $\frac{1}{5^s}$가 된다.

$$\left(1-\frac{1}{3^s}\right)\left(1-\frac{1}{2^s}\right)\zeta(s) = 1 + \frac{1}{5^s} + \frac{1}{7^s} + \frac{1}{11^s} + \frac{1}{13^s}$$

$$+ \frac{1}{17^s} + \frac{1}{19^s} + \frac{1}{23^s} + \frac{1}{25^s} + \cdots \quad \cdots ⑤$$

앞에서와 같은 방법을 되풀이하기 위하여 이번에는 ⑤의 양변에 $\frac{1}{5^s}$를 곱하여 얻은 결과를 ⑤에서 빼면 다음과 같다.

$$\left(1-\frac{1}{5^s}\right)\left(1-\frac{1}{3^s}\right)\left(1-\frac{1}{2^s}\right)\zeta(s)$$
$$=1+\frac{1}{7^s}+\frac{1}{11^s}+\frac{1}{13^s}+\frac{1}{17^s}+\frac{1}{19^s}+\frac{1}{23^s}+\frac{1}{25^s}+\cdots$$

이와 같은 과정을 무한히 반복하면 다음과 같은 결과를 얻을 수 있다.

$$\cdots\left(1-\frac{1}{11^s}\right)\left(1-\frac{1}{7^s}\right)\left(1-\frac{1}{5^s}\right)\left(1-\frac{1}{3^s}\right)\left(1-\frac{1}{2^s}\right)\zeta(s)=1 \quad\cdots\cdots\ ⑥$$

⑥의 좌변에 곱해진 괄호들은 모두 소수에 하나씩 대응되며 무한히 계속된다. 그리고 ⑥의 좌변에 있는 괄호들로 양변을 나누면 제타함수는 다음과 같은 식으로 나타낼 수 있다.

$$\zeta(s)=\left(1-\frac{1}{2^s}\right)^{-1}\left(1-\frac{1}{3^s}\right)^{-1}\left(1-\frac{1}{5^s}\right)^{-1}\left(1-\frac{1}{7^s}\right)^{-1}\left(1-\frac{1}{11^s}\right)^{-1}\cdots$$
$$=\prod_{p}(1-p^{-s})^{-1}$$

그리고 제타함수는 $\zeta(s)=\sum_{n=1}^{\infty}n^{-s}$ 이므로 다음과 같은 간단한 식을 얻는다.

$$\zeta(s)=\sum_{n=1}^{\infty}n^{-s}=\prod_{p}(1-p^{-s})^{-1}$$

위의 식에서 좌변은 자연수를 차례로 s승 한 역수의 무한개의 합이고, 우변은 소수의 무한개의 곱이다. 이것으로부터 우리는 소수가 무수히 많음도 알 수 있다.

그런데 얼핏 생각하면 $\zeta(s)=0$을 만족하는 근은 존재하지 않을 것 같지만, 실제로는 제타함수를 변형해서 정의역을 확장하면 많은 근이 존재한다는 것을 알 수 있다.(물론 여기서는 그것까지는 다루지 않는다.) 사실 실수 범위에서 $s = -2, -4, -6, -8, \cdots$ 등이 모두 근이고, 이 근들을 자명한 근이라고 한다.

제타함수는 정의역을 복소수까지 확장할 수 있는데, 그렇게 되면 실수가 아닌 복소수 근이 존재하게 된다. 이런 복소수 근을 자명하지 않은 근이라고 한다. 사실 자명한 근과 자명하지 않은 근이 무엇인지 알기 위하여도 많은 설명이 필요하지만 여기서는 대충 이정도로 알아보고 넘어가기로 하자.

리만가설을 다시 한 번 쓰면 '제타함수 $\zeta(s)$의 자명하지 않은 모든 근들은 실수부가 $\frac{1}{2}$이다.'이고, 이것은 $\zeta(s) = 0$을 만족하는 모든 복소수 근을 $a + bi$의 꼴로 나타낼 때, $a = \frac{1}{2}$이라는 것이다. 즉 $\zeta(s) = 0$의 복소수 근은 $s = \frac{1}{2} + bi$ (b는 실수)라는 것이다.

리만가설이 증명된다면 어떤 일이 벌어질까? 그 결과가 구체적으로 어떤 것인지는 알 수 없지만 수학과 물리학에 엄청난 변화가 인다는 것은 분명하다. 오늘날 소수는 암호학이라는 학문 분야를 발전시켰다. 암호학에서 소수의 중요성은 두말하면 잔소리로 절대적인 위치를 차지하고 있다. 따라서 리만가설이 해결되면 현대 암호에도 거대한 변화의 바람이 불 것이다. 즉, 지금과는 새로운 형식의 암호방식이 등장할 수도 있고, 현재의 암호방식이 더 공고해질 수도 있다. 반대로 오늘날의 암호방식이 무용지물이 될 수도 있다. 어느 것도 확실하다고 말하기 힘들다.

그러나 확실한 것은 결국 리만가설은 해결되리라는 것이다. 수학자들이 이런 황홀한 문제를 남겨 둘리가 없기 때문이다. 여러 뛰어난 수학자

들의 의견을 종합해 보면 지금의 수학 수준으로는 리만가설을 증명할 수 없다는데 한 목소리를 내고 있다. 리만가설은 참일 수도 있고 거짓일 수도 있다. 어째든 확실한 것은, 그 문제를 해결하는데 시간이 좀 더 걸리겠지만, 언젠가는 반드시 밝혀질 것이라는 사실이다.

Chapter 9

수열

원리와 개념을 잡아주는 수학법칙

원리와 개념을 잡아주는 수학법칙

01 벽돌쌓기로 알아보는 수열

해바라기 씨앗이나 파인애플의 껍질을 자세히 살펴보면 그 배열에서 어떤 수들의 규칙성을 찾을 수 있다. 또 피라미드와 같은 거대한 건축물을 짓는데 사용된 벽돌의 배열에서도 규칙성을 찾을 수 있다. 이와 같이 식물이나 동물의 생태, 적금이나 할부금의 이자 계산 등에는 특별한 규칙성이 있으며 이를 활용하여 자연현상이나 사회현상을 설명할 수 있다. 여기서 어떤 특별한 규칙에 따라 차례로 나열된 수의 열을 수열이라고 하고, 나열된 각 수를 그 수열의 항이라고 한다. 그리고 이와 같은 수열을 현재 우리나라에서는 고등학생에게 가르치고 있다.

수열의 합을 구하는 방법은 여러 가지가 있는데 여기서는 보간 다항식과 벽돌쌓기를 이용하여 수열의 합을 구하는 방법에 대하여 알아보자.

▶ 보간 다항식

먼저 보간 다항식에 대하여 간단히 알아보자.

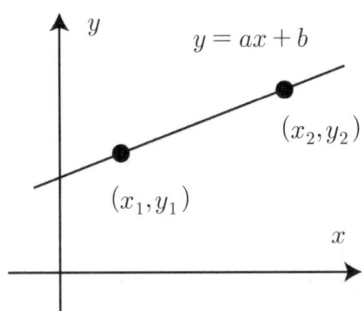

좌표평면에 서로 다른 두 점 (x_1, y_1), (x_2, y_2)를 지나는 직선의 방정식은 $y = ax + b$이다. 두 점을 지나는 방정식을 구할 때 해석기하학의 다양한 방법을 사용할 수 있지만, 여기서는 연립일차방정식에 기반을 둔 방법을 알아보자.

$y = ax + b$의 그래프는 직선이고, 이 직선이 점 (x_1, y_1)과 점 (x_2, y_2)를 지나려면 $y_1 = ax_1 + b$, $y_2 = ax_2 + b$을 만족해야 한다. 따라서 a, b를 미지수로 하는 다음과 같은 연립일차방정식에서 얻을 수 있다.

$$ax_1 + b = y_1$$
$$ax_2 + b = y_2$$

이 연립 일차방정식을 풀어 a, b를 구하면 다음과 같다.

$$a = \frac{y_2 - y_1}{x_2 - x_1},\ b = \frac{y_1 x_2 - y_2 x_1}{x_2 - x_1} \quad (단,\ x_1 \neq x_2 이다.)$$

예를 들어 서로 다른 두 점 $(2, 1)$, $(5, 4)$을 지나는 직선의 방정식을 구해보자.

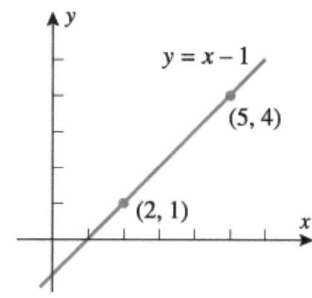

두 점을 식(2)에 대입하면

$$a = \frac{4-1}{5-2} = 1, \ b = \frac{(1)(5)-(4)(2)}{5-2} = -1$$

이므로 구하는 직선의 방정식은 $y = x - 1$이다.

서로 다른 두 점 $(x_1, y_1), (x_2, y_2)$을 지나는 그래프의 식은 $y = ax + b$와 같이 일차식이다. 또 한 직선위에 있지 않는 서로 다른 세 점 $(x_1, y_1), (x_2, y_2), (x_3, y_3)$을 지나는 그래프의 식은 다음 그림과 같이 일차식이거나 $y = ax^2 + bx + c$와 같이 이차식이다.

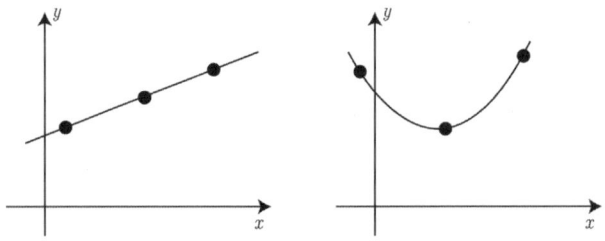

일반적으로 평면 위의 n개의 점으로 되어 있는 자료가 있으면 모든 점을 지나는 차수 $(n-1)$이하의 다음과 같은 다항식을 구할 수 있다.

$$y = a_0 + a_1 x + a_2 x^2 + \cdots + a_{n-1} x^{n-1}$$

이러한 다항식을 보간 다항식(interpolation polynomial)이라고 한다. 그리고 이런 보간 다항식은 유일하게 존재한다.

실제로 n개의 점을

$$(x_1, y_1), (x_2, y_2), \cdots, (x_n, y_n)$$

이라 할 때, 보간 다항식

$$y = a_0 + a_1 x + a_2 x^2 + \cdots + a_{n-1} x^{n-1}$$

에 n개의 점을 차례로 대입하면 다음과 같이 $a_0, a_1, \cdots, a_n$을 구하는 연립방정식을 얻는다.

$$\begin{aligned} a_0 + a_1 x_1 + a_2 x_1^2 + \cdots + a_{n-1} x_1^{n-1} &= y_1 \\ a_0 + a_1 x_2 + a_2 x_2^2 + \cdots + a_{n-1} x_2^{n-1} &= y_2 \\ &\vdots \\ a_0 + a_1 x_n + a_2 x_n^2 + \cdots + a_{n-1} x_n^{n-1} &= y_n \end{aligned}$$

이 연립방정식을 행렬을 이용하여 나타내면 다음과 같다.

$$\begin{bmatrix} 1 & x_1 & \cdots & x_1^{n-1} \\ \vdots & \vdots & \vdots & \vdots \\ 1 & x_n & \cdots & x_n^{n-1} \end{bmatrix} \begin{bmatrix} a_0 \\ \vdots \\ a_{n-1} \end{bmatrix} = \begin{bmatrix} y_1 \\ \vdots \\ y_n \end{bmatrix} \Leftrightarrow V_n \mathbf{a} = \mathbf{y}$$

이때, 이 연립방정식이 유일한 해를 가질 필요충분조건은 계수행렬 V_n의 행렬식이 0이 아닌 것이다. 그런데 이 행렬식은 Vandermonde 행렬식으로 다음과 같음이 잘 알려져 있다.

$$|V_n| = \begin{vmatrix} 1 & x_1 & x_1^2 & \cdots & x_1^{n-1} \\ 1 & x_2 & x_2^2 & \cdots & x_2^{n-1} \\ \vdots & \vdots & \vdots & & \vdots \\ 1 & x_n & x_n^2 & \cdots & x_n^{n-1} \end{vmatrix} = \prod_{1 \leq i < j \leq n} (x_j - x_i) \neq 0$$

따라서 n개의 점들을 지나는 보간 다항식을 구할 수 있다. 실제로 자료에는 보통 실험적 오차를 내포하고 있으므로 함수가 모든 점을 지나야 할 이유는 없다. 그래서 그 점들을 지나지 않는 더 낮은 차수의 다항식이 변수 사이의 관계를 더 잘 설명해주는 경우도 흔히 있다.

예를 들어 네 점 $(1,3)$, $(2,-2)$, $(3,-5)$, $(4,0)$을 지나는 3차 다항식을 구해 보자.

네 점을 지나는 보간 다항식은 다음과 같다.

$$P(x) = a_0 + a_1 x + a_2 x^2 + a_3 x^3$$

네 점을 이용하여 Vandermonde 행렬식을 구하면 0이 아니므로 a_0, a_1, a_2, a_3은 유일하게 존재한다. 이제 a_0, a_1, a_2, a_3을 구하기 위하여 가우스-조르당소거법을 이용하면

$$\text{RREF} \begin{bmatrix} 1 & 1 & 1 & 1 & 3 \\ 1 & 2 & 4 & 8 & -2 \\ 1 & 3 & 9 & 27 & -5 \\ 1 & 4 & 16 & 64 & 0 \end{bmatrix} = \begin{bmatrix} 1 & 0 & 0 & 0 & 4 \\ 0 & 1 & 0 & 0 & 3 \\ 0 & 0 & 1 & 0 & -5 \\ 0 & 0 & 0 & 1 & 1 \end{bmatrix}$$

이므로 $a_0 = 4, a_1 = 3, a_2 = -5, a_3 = 1$이다. 따라서 구하는 보간 다항식은 $y = 4 + 3x - 5x^2 + x^3$이고, 그래프는 다음 그림과 같다.

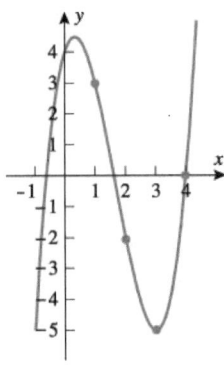

▶ 수열의 합 구하기

위의 예는 컴퓨터를 이용하지 않고 직접 다항식을 구한 것이지만, 요즘은 컴퓨터를 이용하여 쉽게 보간 다항식을 구할 수 있다. 그리고 보간 다항식으로 수열의 합을 구할 수도 있다.

오른쪽 그림과 같이 모양과 크기가 같은 벽돌로 탑을 쌓아보자. 그러면 그림에서 알 수 있듯이 가장 위단의 벽돌은 2개, 두 번째는 6개, 밑단은 12개의 벽돌로 되어 있다. 이와 같은 방법으로 k단을 쌓을 때 필요한 벽돌의 수는 다음과 같다.

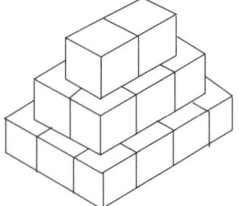

(가로의 벽돌의 수)×(세로의 벽돌의 수)
$$= k(k+1) = k^2 + k$$

따라서 n층으로 탑을 쌓기 위하여 필요한 벽돌의 총수는 $\sum_{k=1}^{n}(k^2+k)$임을 알 수 있다. 여기서 식 $\sum_{k=1}^{n}(k^2+k)$은 컴퓨터를 이용하여 보간 다항식으로 바꿀 수 있다. 우선 처음 몇 개의 항으로 다음과 같은 표를 만들고, 이 표로부터 컴퓨터를 이용하여 주어진 점들을 지나는 보간 다항식을 구하면 된다.(여기서는 울프람알파라는 프로그램을 이용하여 그래프를 그렸다.)

n	$\sum_{k=1}^{n}(k^2+k)$
1	2
2	8
3	20
4	40

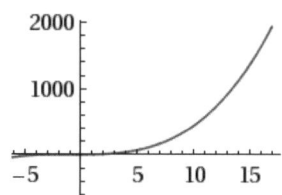

즉, 네 점 (1, 2), (2, 8), (3, 20), (4, 40)을 지나는 보간 다항식은 $y=\dfrac{1}{3}n^3+n^2+\dfrac{2}{3}n$임을 알 수 있다. 따라서 다음이 성립한다.

$$\sum_{k=1}^{n}(k^2+k)=\dfrac{1}{3}n^3+n^2+\dfrac{2}{3}n$$

실제로 위의 식은 수학적 귀납법을 이용하면 참임을 확인할 수 있다. 위의 사실을 이용하여 $\sum_{k=1}^{n}k^2$을 구해보자.

다음 그림과 같이 k층에 사용한 벽돌의 수가 k^2개인 탑이고, 이와 같은 방법으로 n층까지 쌓을 때 필요한 벽돌의 총수는 $\sum_{k=1}^{n}k^2$이다. 그런데 이것은 처음에 그렸던 탑에서 각 층마다 그 층에 해당하는 벽돌의 수만큼 뺀 것과 같다.

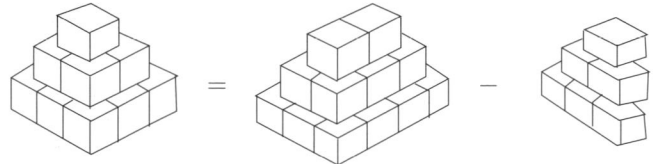

이것을 식으로 나타내면

$$\sum_{k=1}^{n} k^2 = \sum_{k=1}^{n}(k^2+k) - \sum_{k=1}^{n} k$$

이다. 즉,

$$\sum_{k=1}^{n} k^2 = \sum_{k=1}^{n}(k^2+k) - \sum_{k=1}^{n} k^2$$
$$= \left(\frac{1}{3}n^3 + n^2 + \frac{2}{3}n\right) - \frac{n(n+1)}{2}$$
$$= \frac{1}{6}n(n+1)(2n+1)$$

마찬가지로 보간 다항식과 컴퓨터를 이용하면

$$\sum_{k=1}^{n} k^3 = \frac{n^2(n+1)^2}{4}$$

임을 확인할 수 있고, 이 식이 참임은 수학적 귀납법을 이용하여 확인할 수 있다.

마지막으로 보간 다항식을 이용하여 $\sum_{k=1}^{n} k^4$을 간단히 나타내보자.

앞에서와 마찬가지로 표를 만들고, 표로부터 얻을 수 있는 6개의 점을 이용하여 그래프를 그리면 다음과 같다.

원리와 개념을 잡아주는 수학법칙

n	n^4	$\sum_{k=1}^{n} k^4$
1	1	1
2	16	17
3	81	98
4	256	354
5	625	979
6	1296	2275

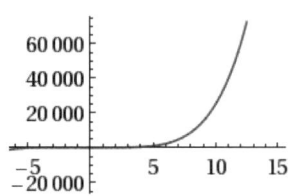

오른쪽 그래프의 식은

$$y = 0.2n^5 + 0.5n^4 + 0.3333n^3 - 0.03333n$$

이고, 공배수로 정리하면 다음을 얻는다.

$$y = \frac{n(6n^4 + 15n^3 + 10n^2 - 1)}{30}$$

$$= \frac{n(n+1)(2n+1)(3n^2 + 3n - 1)}{30}$$

물론 이 식이 옳은 것인지는 수학적 귀납법으로 확인할 수 있다. 따라서 다음과 같은 식을 얻을 수 있다.

$$\sum_{k=1}^{n} k = \frac{n(n+1)}{2}$$

$$\sum_{k=1}^{n} k^2 = \frac{n(n+1)(2n+1)}{6}$$

$$\sum_{k=1}^{n} k^3 = \frac{n^2(n+1)^2}{4}$$

$$\sum_{k=1}^{n} k^4 = \frac{n(n+1)(2n+1)(3n^2 + 3n - 1)}{30}$$

보간 다항식이 약간 어렵긴 하지만, 벽돌쌓기와 컴퓨터라는 이질적인 도구를 사용하여 중요한 공식을 이끌어 낼 수 있음을 학생들에게 알려 주는 것도 수학이 지닌 매력을 설명하는 것이 아닐까 한다.

02 저글링과 수학

서커스 공연장에 가면 공이나 목이 긴 병 또는 방망이 같은 것을 빙글빙글 돌리는 재주꾼들을 볼 수 있다. 이렇게 이 손에서 저 손으로 빙글빙글 돌리는 재주를 '돌리기 재주' 또는 '저글링(juggling)'이라고 한다. 기원전 1994부터 1781년 사이의 기간에 완성된 것으로 여겨지는 고대 이집트 유적지인 베니하산의 묘에는 저글링을 하는 여인들의 모습이 남아 있다. 따라서 저글링은 최소한 지금부터 약 4000년 전부터 있었다.

6)

(이집트의 저글링 하는 여인들)

그런데 이런 저글링을 수학으로 표현할 수 있다. 1985년 몇몇 수학자들인 '사이트 스웹 노테이션(site swap notation)' 즉 '자리바꿈 기호'를 이용하여 저글링의 유형을 수학적으로 표현하는 방법을 고안했다. 자리바꿈 기호는 간단히 말해 저글링의 유형을 유한수열로 나타낸 것으로,

---

6) 사진출처 : http://www.juggling.org/jw/86/2/egypt.html

유한수열을 찾기 위해서는 노래를 부를 때처럼 간단히 박자를 맞추기만 하면 된다. 이때 저글링이 노래라면 공은 악보의 음표라고 생각하면 된다.

예를 들어 공 3개로 저글링을 할 때를 생각해 보자. 오른손으로 던진 공은 3박자 후 왼손에 떨어지고, 왼손으로 던진 공은 다시 3박자 후 오른손으로 떨어지기를 반복하면서 공들은 무한대 기호 모양 ∞를 그린다. 이것은 쿵딱딱, 쿵딱딱 3박자에 맞춰 각 공은 공중에 3박자씩 머무른 후 손바닥에 떨어진다. 따라서 첫 번째 공부터 세 번째 공까지 반복되는 박자 주기를 수로 나타내면 3, 3, 3, 3, 3, 3, …이다.

3개의 공으로 할 수 있는 또 다른 저글링은 공 3개가 원 모양이 되도록 던지고 받는 것이다. 첫 번째 공을 오른손에서 왼손으로 던지는데 5박자만큼 높이 던져 공중에 머무르는 동안 두 번째 공을 왼손에서 오른손으로 1박자 간격으로 옮기고, 다시 세 번째 공을 오른손에서 왼손으로 5박자만큼 높이 던지기를 반복하는 것이다. 이때 공이 공중에 머무르는 박자의 주기는 5, 0, 1, 5, 0, 1, 5, 0, 1, …이다. 여기서 0은 중간에 던지지 않고 오른손에 가지고 있는 공이다.

➡ 저글링 수열

일반적으로 저글링에 사용할 수 있는 공은 최대 10개 정도이지만 여기서는 3개 또는 4개의 공으로 할 수 있는 저글링에 대해서만 생각해 보자. 이때 공을 던지는 모습에 따라 저글링을 기본적인 세 가지로 구별할 수 있다.

첫째는 앞에서 예로 들었던 무한대 모양이 되는 캐스케이드(cascade, 계단식 폭포)형이다. 이 모양은 보통 저글링하면 떠올리는 모양이고, 오른손으로 던진 공을 왼손으로 받고 왼손은 받은 공을 다시 오른손으로 보낼 때 만들어지는 것이다. 캐스케이드 형으로 저글링을 할 때, 짝수개의 공을 던지면 중간에서 공들이 서로 부딪치기 때문에 짝수개의 공으로는 실행할 수 없다. 이때 나타나는 자리바꿈 기호는 3이다.

두 번째는 분수(fountain)형이다. 분수형은 공들이 손을 바꾸지 않고 돌릴 때 나타나는 모양이다. 즉, 왼손과 오른손에 각각 2개의 공을 각각 던지고 받는 것이다. 따라서 4개의 공으로 하는 분수형의 자리바꿈 기호는 양손에서 던지고 받고 두 가지씩이므로 자리바꿈 기호는 4이다.

세 번째는 소나기형(shower)이다. 소나기형은 공을 오른손에서 왼손으로 큰 포물선을 그리면서 던진 다음 다시 왼손에서 오른손으로 낮게 던지는 것이다. 이 경우는 앞에서 예로 든 것처럼 자리바꿈 기호는 501이다. 여기서 501은 5박자와 1박자의 두 가지 종류의 주기로 공을 돌린다는 표시이다.

위의 세 가지 기본적인 저글링에서 얻을 수 있는 박자의 수열

캐스캐이드 형 : 3, 3, 3, 3, 3, 3, … 3, 3, 3

분수 형 : 4, 4, 4, 4, 4, 4, … 4, 4, 4

소나기 형 : 5, 0, 1, 5, 0, 1, … 5, 0, 1

등과 같은 유한수열을 저글링 수열(juggling sequences)라고 한다. 또 주어진 수열을 그림으로 나타낸 것을 저글링 다이어그램(juggling diagram)이라고 한다.

원리와 개념을 잡아주는 수학법칙

다음 그림은 캐스캐이드 형과 소나기형의 저글링 수열을 저글링 다이어그램으로 나타낸 것이다.

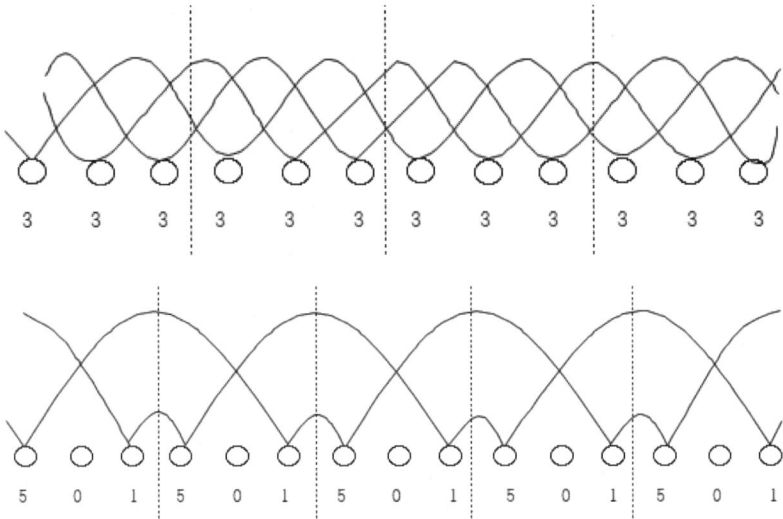

저글링 다이어그램을 보면 주어진 수열이 저글링 수열이 될 수 있는지 알 수 있다. 예를 들어 저글링 자리바꿈 기호가 21이라고 하면 2박자와 1박자로 공을 던지고 받아야한다. 이것을 저글링 다이어그램으로 나타내면 다음과 같다.

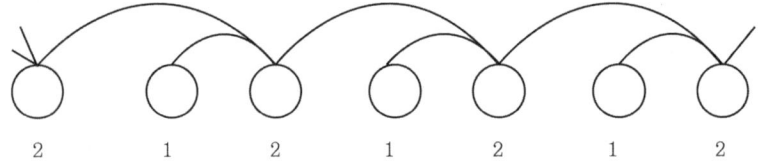

위와 같은 저글링을 하려면 2박자에서 한 손으로 떨어지는 두 개의 공을 동시에 잡은 후, 잡은 공 하나는 2박자 높이로 던지고 다른 하나는 없애야 한다. 다음 단계에서 없앴던 공을 다시 나타나게 하여 2박자에

서 다시 두 개의 공을 동시에 잡아야 한다. 마치 마술과 같이 공을 없앴다가 나타나게 해야 하므로 자리바꿈 기호 21로는 저글링을 할 수 없다. 즉, 다음은 저글링 수열이 아니다.

    2, 1, 2, 1, 2, 1, 2, 1, 2, 1

그렇다면 저글링 다이어그램을 그리지 않고도 주어진 수열이 저글링 수열인지 알 수 있는 방법은 무엇일까?

예를 들어 4, 4, 1, 3이 저글링 수열인지 알아보자.

저글링은 주어진 네 개의 4, 4, 1, 3을 반복적으로 사용하기 때문에 이 네 개의 수는 저글링의 주기(period)가 된다. 즉, 이 수열의 주기는 4이다. 이 네 개의 수에 차례로 0, 1, 2, 3을 더하면 다음과 같은 수열을 얻는다.

    4+0, 4+1, 1+2, 3+3 = 4, 5, 3, 6

처음 주어진 수열의 주기가 4였으므로 0, 1, 2, 3을 더하여 나온 새로운 수열을 4로 나눈 후 나머지만 쓰면 다음과 같다.

    0, 1, 3, 2

이 수열을 실험수열(test sequence)이라고 한다. 그리고 이 실험수열의 모든 항의 수가 다르다면 처음 주어진 수열은 저글링 수열이다. 사실 저글링 수열에 대하여 다음과 같은 정리가 성립한다.

> ▶ **저글링 수열의 정리**
> 실험수열의 모든 항이 서로 다르다면 처음 주어진 수열은 저글링 수열이고 그렇지 않으면 저글링 수열이 아니다.

저글링 수열의 정리에 의하면 앞에서 예로 들었던 2, 1의 주기는 2이고, 2+0=2, 1+1=2이므로 실험수열의 모든 항이 서로 다른 것은 아니다. 따라서 2, 1은 저글링 수열이 아니다.

한편 4, 4, 1, 3을 저글링 다이어그램으로 나타내면 다음과 같다.

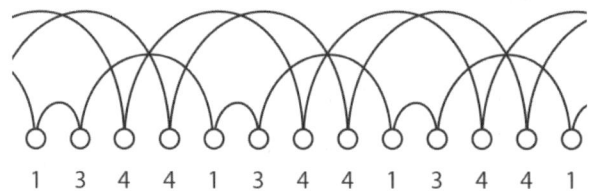

저글링 수열의 주기로부터 저글링에 사용되는 공의 개수를 구할 수도 있다. 즉, 주기가 되는 주어진 수열의 각 항을 더하고 항의 개수로 나누면 공의 개수가 된다. 이를테면 3, 3, 3은 $\frac{3+3+3}{3}=3$이므로 3개의 공으로 하는 저글링이고, 5, 0, 1은 $\frac{5+0+1}{3}=2$이므로 2개의 공으로 하는 저글링이고, 4, 4, 1, 3은 $\frac{4+4+1+3}{4}=3$이므로 3개의 공으로 하는 저글링이다.

그렇다면 5, 6, 6, 1, 5, 1은 몇 개의 공으로 하는 저글링이고, 과연 저글링 수열일까?

우선 $\frac{5+6+6+1+5+1}{6}=4$이므로 4개의 공으로 하는 저글링이다. 또 주어진 수열에 0, 1, 2, 3, 4, 5를 각각 더하면

5+0, 6+1, 6+2, 1+3, 5+4, 1+5

이고, 각 항을 주기 6으로 나누면 나머지가

5, 1, 2, 4, 3, 0

이므로 모두 다르다. 따라서 이 수열은 저글링 수열이므로, 공 4개로 저글링을 할 수 있다.

　실험수열과 공의 개수는 마치 연립방정식의 해가 있는지 없는지를 알아보기 위하여 동차연립방정식이 자명한 해만을 갖는지 아닌지를 조사하는 것과 마찬가지로 주어진 수열로 저글링을 할 수 있는지 알아보는 것이다. 여러 가지 저글링 수열을 혼합하면 보다 복잡한 저글링을 할 수도 있다.

　수학에는 앞에서 알아본 저글링 수열뿐만 아니라 저글링을 하는 수열인 '저글러 수열(juggler sequence)'도 있다. 저글러 수열을 양의 정수 a_0에서 시작하여 점화식으로 다음과 같이 정의한다.

$$a_{k+1} = \begin{cases} \lfloor a_k^{\frac{1}{2}} \rfloor, & a_k \text{가 짝수} \\ \lfloor a_k^{\frac{3}{2}} \rfloor, & a_k \text{가 홀수} \end{cases}$$

예를 들어 $a_0 = 3$이라면 3은 홀수이므로 a_1은 다음과 같다.

$$a_1 = \lfloor 3^{\frac{3}{2}} \rfloor = \lfloor 5.196\cdots \rfloor = 5$$

5가 홀수이므로 a_2는 다음과 같다.

$$a_2 = \lfloor 5^{\frac{3}{2}} \rfloor = \lfloor 11.180\cdots \rfloor = 11$$

다시 11이 홀수이므로 a_3는 다음과 같다.

$$a_3 = \lfloor 11^{\frac{3}{2}} \rfloor = \lfloor 36.482\cdots \rfloor = 36$$

36은 짝수이므로 a_4는 다음과 같다.

$$a_4 = \lfloor 36^{\frac{1}{2}} \rfloor = \lfloor 6 \rfloor = 6$$

이와 같은 방법으로 나머지 항을 구하면 다음과 같다.

$$a_5 = \lfloor 6^{\frac{1}{2}} \rfloor = \lfloor 2.449 \cdots \rfloor = 2$$

$$a_6 = \lfloor 2^{\frac{1}{2}} \rfloor = \lfloor 1.414 \cdots \rfloor = 1$$

따라서 $a_0 = 3$으로 시작하여 얻을 수 있는 저글러 수열은 다음과 같다.

3, 5, 11, 36, 6, 2, 1

위와 같이 정의된 저글러 수열에서 $a_0 = 1$일 경우는 더 이상 만들어지는 항이 없으며, $n \geq 2$인 경우에 $a_0 = n$으로 시작한 저글러 수열의 마지막 항은 항상 1이다.

여기서 처음 $a_0 = n$이 주어졌을 때 나오는 저글러 수열의 항의 개수를 $l(n)$이라 하는데, 처음 시작한 a_0은 항의 개수로 세지 않기로 한다. 이를테면 앞에서 $a_0 = 3$이면 $l(3) = 6$이다. 즉 3으로 시작한 저글러 수열은 a_6에서 1이 된다. 또 $h(n)$은 $a_0 = n$로 시작한 저글러 수열의 각 항에서 가장 큰 수를 나타낸다. 이를테면 $h(3) = 36$이다.

다음 표는 처음 $a_0 = n$에 따른 $l(n)$과 $h(n)$을 구해 놓은 것이다.

Chapter 9 수열

n	저글러 수열	$l(n)$	$h(n)$
2	2, 1	1	2
3	3, 5, 11, 36, 6, 2, 1	6	36
4	4, 2, 1	2	4
5	5, 11, 36, 6, 2, 1	5	36
6	6, 2, 1	2	6
7	7, 18, 4, 2, 1	4	18
8	8, 2, 1	2	8
9	9, 27, 140, 11, 36, 6, 2, 1	7	140
10	10, 3, 5, 11, 36, 6, 2, 1	7	36

위의 표로부터 가로축을 $a_0 = n$, 세로축을 항의 개수 $l(n)$이라 하고 그래프를 그리면 다음과 같다.

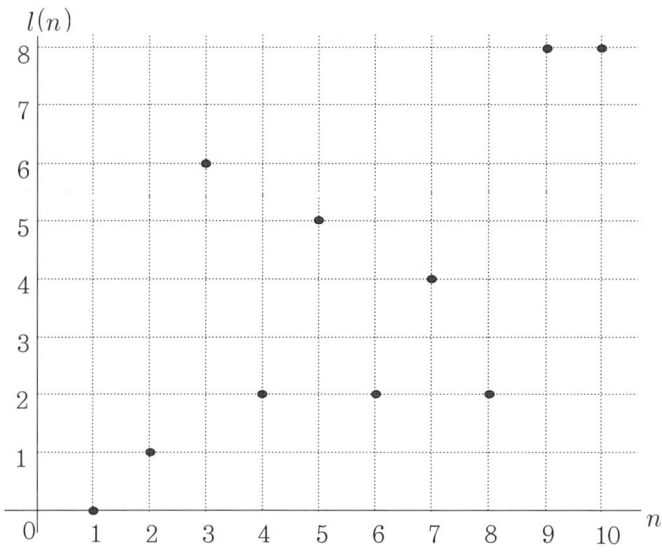

처음 시작하는 n이 커지면 다음과 같은 좀 더 복잡한 저글러 수열의 그래프를 얻을 수 있다.

원리와 개념을 잡아주는 수학법칙

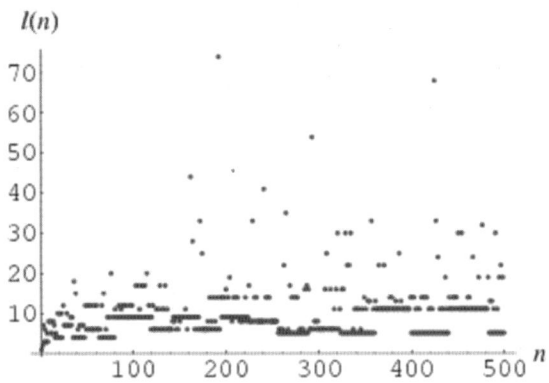

위의 두 그래프로부터 n이 변함에 따라서 $l(n)$이 들쭉날쭉하기 때문에 그래프 위의 점들이 마치 저글링 할 때의 공과 같이 보인다. 그래서 이 수열의 이름이 바로 저글러 수열이다.

한편 $a_0 = n$의 값이 커지면서 매우 큰 $h(n)$이 만들어지는데, $a_0 = 37$인 경우 $h(n) = 24906114455136$이다. 1992년 스미스(Harry J. Smith)는 $a_0 = 48443$일 때 a_{60}에서 최고 큰 값이 생기는데 그 수는 무려 972463자리이고 $a_{157} = 1$임을 밝혀내기도 했다.

저글링은 단순히 저글링만으로 끝나지 않는다. 저글링을 하면 두뇌발달에 도움이 된다는 결과가 2004년 1월 과학 전문 학술지 '네이처'에 실리기도 했다. 이에 따르면 유럽 연구자들이 21명의 여성과 3명의 남성으로 구성된 두 집단 중 한 집단은 세 달 동안 공 3개로 적어도 1분 동안 저글링을 하게 했고, 다른 집단은 저글링을 하지 않게 했다. 그 결과 저글링 집단에서는 물체의 움직임을 인식하고 예측하는 역할을 담당하는 뇌의 두 영역에서 구조의 변화가 생겼고, 뇌의 무게도 3~4% 증가한 것으로 나타났다.

한편 공학자들은 저글링을 할 수 있는 로봇을 개발하려는 시도를 하고 있다. 그러나 의외로 발생하는 카오스적인 현상이 저글 로봇 탄생을 방해하고 있다고 한다. 그리고 저글링에 관한 다양한 형식과 소식 그리고 소품은 인터넷 사이트 http://www.juggling.org/에 접속하면 얻을 수 있다.

수학을 공부하다가 머리도 식힐 겸 저글링을 한 번씩 해 보기 바란다.

Chapter 10

미분

원리와 개념을 잡아주는 수학법칙

원리와 개념을 잡아주는 수학법칙

01 나뭇잎 들여다보기

인류는 빛을 이용하여 여러 가지 분야에서 문명을 발전시켰다. 가장 잘 알려진 예는 아마도 해시계일 것이다. 해시계는 햇빛으로 생긴 막대기의 그림자의 길이와 방향으로 시간을 가늠하는 인류 최초의 시계였다.

햇빛을 이용한 고대 수학자로는 탈레스와 에라토스테네스가 있다. 고대 그리스의 수학자였던 에라토스테네스는 햇빛을 이용하여 지구의 둘레의 길이를 구했다. 또 에라토스테네스보다 앞서 탈레스는 햇빛이 만든 피라미드의 그림자를 이용하여 피라미드의 높이를 측정하여 사람들을 놀라게 했다. 탈레스는 피라미드의 그림자와 막대의 그림자의 길이를 재어 비례식으로 피라미드의 높이를 구했다. 즉 피라미드의 높이를 h, 피라미드 그림자의 길이를 c, 땅에 수직으로 세운 막대기의 길이를 a, 막대기의 그림자의 길이를 b라 하고 닮음을 이용하면 $a:h=b:c$이므로 $bh=ac$이다. 따라서 피라미드의 높이는 $h=\dfrac{ac}{b}$이다.

그런데 어떤 사람은 탈레스가 피라미드의 높이를 다른 방법으로 구했다고 주장한다. 즉, 막대의 길이와 그림자의 길이가 같을 때 피라미드 그림자의 길이가 피라미드의 높이가 된다는 사실을 이용하여 피라미드의 높이를 구하였다는 것이다. 이것은 이등변삼각형의 성질을 이용한 것이다. 어떤 방법으로 피라미드의 높이를 쟀든, 이집트의 아마시스 왕은 탈레스의 뛰어난 수학실력에 무척 놀랐다고 한다.

그렇다면 과연 빛을 이용하여 알 수 있는 수학적 사실에는 어떤 것들이 더 있을까? 물론 여러 가지 무궁무진하지만 여기서는 빛을 이용하는 두 가지를 알아보자.

▶ 나뭇잎 들여다보기

첫 번째는 햇빛을 이용하여 지면에서부터 나무에 매달려 있는 나뭇잎까지의 수직거리를 측정하는 방법이다. 이 방법은 탈레스가 했던 방법과 유사하지만 막대기를 사용하지 않고 삼각함수를 이용한다는 점이 다르다. 보통 나뭇잎은 구멍이 뚫리지 않았지만 벌레가 먹은 나뭇잎은 작은 구멍이 뚫려 있다.

햇빛이 좋은 날이면 나무는 햇빛을 받아 지면에 커다란 그림자를 드리운다. 하지만 나무가 만든 그림자는 햇빛을 완벽하게 차단하지는 못하기 때문에 그림자와 햇빛이 공존하는 나무그늘이 생긴다. 우리의 첫 번째 결과는 햇빛이 만들어내는 그림자가 아니고 그림자 사이로 비추는 햇빛을 이용하는 것이다.

원리와 개념을 잡아주는 수학법칙

다음 그림과 같이 동그랗게 구멍 뚫린 나뭇잎이 있는 위치를 점 C라고 하고 점 C로부터 지면으로 수선의 발을 내려 B라고 하자. 그리고 우리가 구하려고 하는 구멍 뚫린 나뭇잎까지의 높이를 h라고 하자. 동그란 구멍을 통과한 햇빛이 만들어내는 둥근 모양의 빛의 중심을 점 A라고 하고, 점 A 근방에서 빛이 시작되는 점부터 점 B까지의 거리를 d, 점 A에서 점 C까지의 거리를 l이라고 하자. 또 구멍을 통과한 햇빛은 지면에 비스듬하게 비추므로 동그란 구멍을 통과한 햇빛은 지면에 둥근 타원 모양의 빛을 만든다. 이 타원의 장축의 길이를 b, 단축의 길이를 k라 하자.

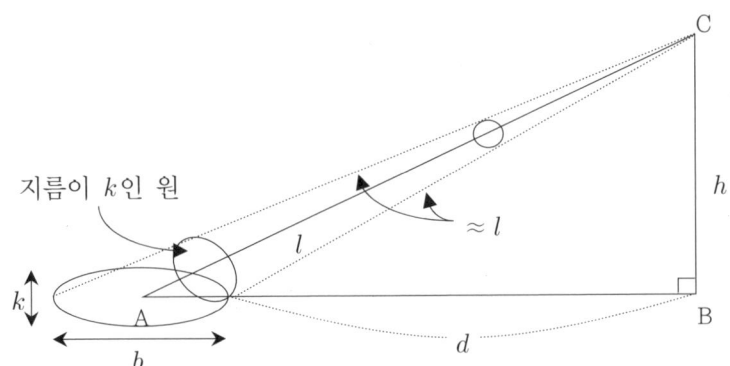

위 그림을 이해하기 편하게 다시 그리면 다음과 같다.

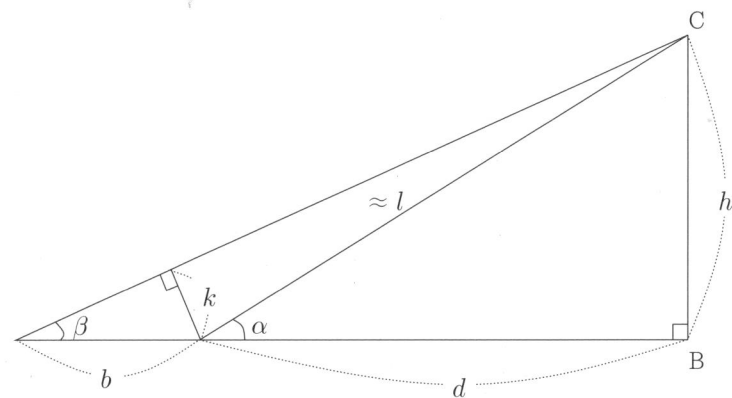

이 그림에서 각 α와 β는 햇빛이 나뭇잎 구멍을 통과해 지면에 만든 둥근 빛의 두 끝점이 이루는 각이다. 따라서 $\sin\alpha \approx \dfrac{h}{l}$이고 $\sin\beta = \dfrac{k}{b}$이다. 그런데 나뭇잎에 뚫린 구멍의 크기가 작다면 두 각은 거의 같다. 즉, $\alpha \approx \beta$이므로 $\dfrac{h}{l} \approx \dfrac{k}{b}$이다. 따라서 $h \approx \dfrac{lk}{b}$이다. 그런데 태양의 지름은 약 139만km로 지구 지름의 약 109배이므로 $1 : 109 = k : l$이고 $\dfrac{l}{k} \approx 109$이다. 그러므로 다음이 성립한다.

$$h \approx \dfrac{lk}{b} = \dfrac{109k^2}{b}$$

즉, 지면에서 나뭇잎까지의 거리는 나뭇잎에 뚫린 구멍이 지면에 만들어낸 타원모양의 빛의 장축과 단축의 길이를 알면 구할 수 있다. 예를 들어 지면에 나타난 타원 모양의 빛의 장축의 길이가 10cm이고 단축의 길이가 7cm라면 $h \approx \dfrac{109 \times 7^2}{10} = 534.1$이므로 나뭇잎은 지면으로부터 약 5.341m 높이에 매달려 있음을 알 수 있다.

원리와 개념을 잡아주는 수학법칙

▶ 가로등 그림자

두 번째 이야기는 가로등 불빛과 그림자에 관한 것으로 간단한 미분을 이용하는 것이다.

깜깜한 밤에 가로등 밑을 일정한 속도로 걸어서 지나노라면 가로등으로부터 점점 멀어지는 만큼 그림자의 길이는 빠르게 길어지는 것을 경험했을 것이다. 내가 가로등으로부터 멀어질 때, 이 그림자의 길이는 얼마만큼이나 빨리 길어질까? 경험적이며 직관적으로 생각했을 때, 아마도 기하급수적으로 길어지지 않을까?

l은 그림자의 길이, h는 사람의 키, x는 가로등으로부터 나까지의 거리, L은 가로등의 높이라고 하자. 그러면 그림자의 길이 l과 가로등으로부터 나까지의 거리 x는 시간이 지나면 변하기 때문에 시간 t의 함수이고, $l(t)$, $x(t)$로 나타낼 수 있다.

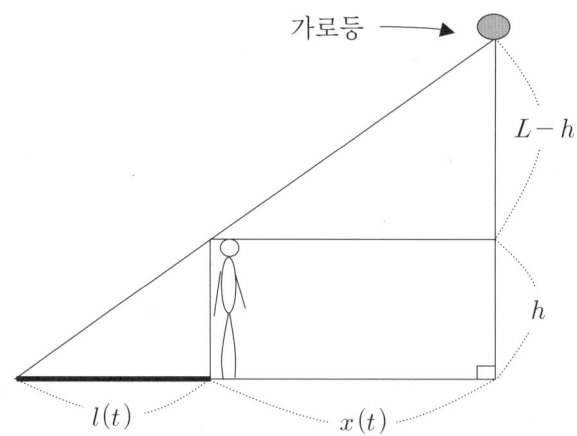

삼각형의 닮음으로부터

$$l(t) : h = (l(t) + x(t)) : L = x(t) : (L-h).$$

즉, 다음 식을 얻을 수 있다.

$$\frac{l(t)}{h} = \frac{l(t) + x(t)}{L} = \frac{x(t)}{L-h},$$

$$l(t) = \frac{h}{L-h} \cdot x(t)$$

여기서 내가 일정한 속도 $v(t)$로 걷는다고 했으므로 $v(t) = \frac{x(t)}{dt}$이다. 그런데 h와 L은 변하지 않는 상수이므로 $\frac{h}{L-h}$도 상수이다. 그리고 그림자의 길이가 길어지는 비율은 다음과 같다.

$$\frac{dl(t)}{dt} = \frac{h}{L-h} \cdot \frac{dx(t)}{dt} = \frac{h}{L-h} \cdot v$$

따라서 일정한 속도 v로 걸어서 가로등으로부터 멀어진다면 그림자의 길이는 그 속도만큼씩만 길어진다. 즉, 상수배로 길어짐을 알 수 있다.

사실 이것은 미분을 이용하지 않고도 보일 수 있다.

다음 그림에서 보듯이 그림자의 길이를 재기 위해 첫 발자국을 걸은 위치 x_1에서 그림자의 길이를 l_1, 두 발자국 걸은 위치 x_2에서 그림자의 길이를 l_2, 세 발자국 걸은 위치 x_3에서 그림자의 길이를 l_3라고 하자. 일반적으로 n 발자국 걸은 위치 x_n에서 그림자의 길이를 l_n이라고 하면 n이 커지면 커질수록 l_n이 길어짐을 알 수 있다. 그리고 x_n은 가로등으로부터 n번 걸은 거리에 있다. 즉 한 걸음의 보폭이 x라고 하면

$x_n = nx$이다. 그러면 $n \geq 3$에 대하여 다음과 같은 식을 얻을 수 있다.

$$l_n - l_{n-1} = \frac{x}{(L-h)} = l_{n-1} - l_{n-2}$$

즉, 위의 식은 n이 바뀌어도 변하지 않으므로 상수이다. 사실 $l_n = \frac{nx}{L-h} = \frac{nvt}{L-h}$ 이다. 따라서 그림자의 길이는 걸음을 걷는 사람의 속도에 정비례한다.

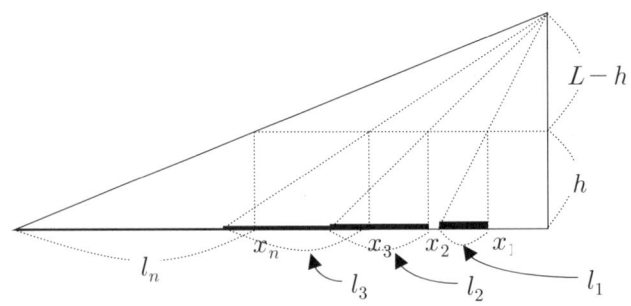

앞에서 소개한 두 가지는 수업시간에 학생들에게 직접 실습을 통하여도 확인할 수 있는 흥미로운 소재라고 할 수 있다. 따라서 수업시간에 적절히 활용한다면 즐거운 수학이 될 수 있을 것이다. 물론 혼자 직접 실험을 통하여 사실을 확인할 수도 있다. 이런 발견을 직접 확인해 보는 것도 수학의 즐거움이 아닐까?

02 사이클로이드

▶ 사이클로이드와 기차 패러독스

철로 위를 달리는 열차의 바퀴를 보면 바퀴가 철로의 궤도를 이탈하지 않도록 바퀴 안쪽이 바깥쪽보다 큰 원을 하고 있다. 그리고 여기에는 흥미로운 수학이 숨어 있다.

기차의 바깥쪽 원에 점을 하나씩 찍은 후 기차가 달릴 때 이 점의 자취를 그림으로 나타내면 다음과 같다. 이때 점의 자취인 곡선을 사이클로이드(cycloid)라고 한다. 즉, 사이클로이드는 적당한 반지름을 갖는 원 위에 한 점을 찍고, 그 원을 한 직선 위에서 굴렸을 때 점이 그리며 나아가는 곡선이다. 이 곡선은 수학과 물리학에 있어서 매우 중요하며 초기 미분적분학의 개발에 크게 도움을 준 곡선이다.

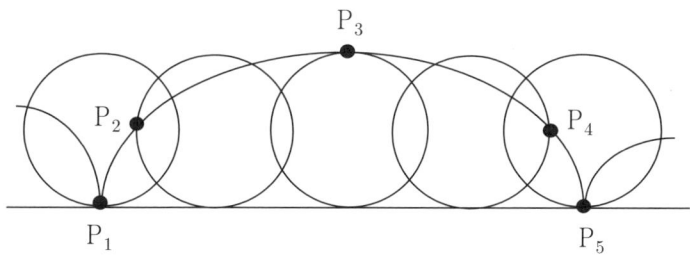

위 그림에서 두 번째 원은 첫 번째 원이 $\frac{1}{4}$(90° 회전), 세 번째 원은 $\frac{1}{2}$(180° 회전), 네 번째 원은 $\frac{3}{4}$(270° 회전), 다섯 번째 원은 정확하게 한 바퀴(360° 회전) 회전한 것이다. 그리고 P_1은 출발전, P_2는 P_1에서

원리와 개념을 잡아주는 수학법칙

$\frac{1}{4}$ 회전한 후에 사이클로이드와 만나는 점, P_3는 P_2에서 $\frac{1}{4}$ 회전한 후에 사이클로이드와 만나는 점, P_4는 P_3에서 $\frac{1}{4}$ 회전한 후에 사이클로이드와 만나는 점, P_5는 P_4에서 $\frac{1}{4}$ 회전한 후에 사이클로이드와 만나는 점으로 원이 완전히 한 바퀴 돌고 난 후의 점이다. 그림에서 알 수 있듯이 원이 0°에서 90° 회전하는 시간이나 90°에서 180° 회전하는 것은 모두 90° 회전하는 것이므로, P_1에서 P_2, P_2에서 P_3, P_3에서 P_4, P_4에서 P_5까지 가는 시간은 모두 같다. 하지만 P_1에서 P_2까지의 거리는 P_2에서 P_3까지의 거리보다 짧기 때문에 점이 P_1에서 P_2까지 이동할 때보다 P_2에서 P_3로 이동할 때 더 빨라야 한다.

이 성질을 다음 그림과 같이 사이클로이드를 거꾸로 한 모양의 그릇에 적용할 수 있다. 그릇의 안쪽 부분에 구슬을 놓으면 위치와는 상관없이 바닥에 닿기까지 걸리는 시간은 같다는 것을 알 수 있다. 즉, 앞에서 알아본 것과 같은 이유에 의하여 P_1에서 P_3로 내려가는 시간은 P_2에서 P_3로 내려가는 시간과 같으며, P_4나 P_5 어디에서 출발해도 P_3에 도착하는 시간은 모두 같다.

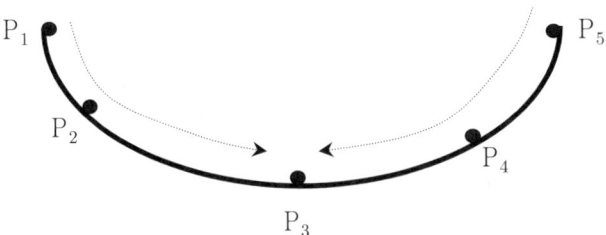

이 곡선을 연구할 당시는 수학의 새로운 결과들이 폭발적으로 발표되던 때였고, 종종 새롭게 발표되는 내용들을 서로 자기가 먼저 발견했다고 주장하는 경우가 많았다. 그런데 이 곡선은 수학적으로 매우 흥미롭고 아름다운 성질을 많이 가지고 있기 때문에 수학자들 사이에서 서로 자기가 먼저라는 우선권을 놓고 언쟁과 싸움은 물론 고소와 고발이 이어졌다. 그래서 이 곡선에는 '불화의 사과'라는 별명이 붙게 되었다.

사이클로이드에는 기차와 관련된 일명 '기차 패러독스'라는 다음과 같은 흥미로운 이야기가 있다.

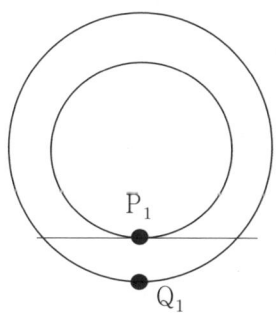

'기차가 달릴 때, 이 기차의 모든 부분이 기차가 달리는 방향과 같은 방향으로 움직이고 있는 것은 아니다. 기차의 일부는 매 순간마다 기차가 달리는 방향과는 반대방향으로 움직이고 있다.'

얼핏 생각해서는 납득이 가지 않을 수도 있다. 기차가 앞으로 달린다면 기차에 탄 사람뿐만 아니라 기차의 모든 부분이 함께 앞으로 달려야 하기 때문이다. 그러나 이 패러독스는 엄연한 사실이며 사이클로이드를 이용하여 설명할 수 있다. 설명을 읽기 전에 먼저 앞에서 보았던 기차의 바퀴의 그림을 다시 한 번 상기하자.

오른쪽 그림은 기차 바퀴를 그린 것으로 선로에 닿는 원과 선로와 닿지 않으며 선로 안쪽에 놓여있는 원을 그린 것이다. 이 원에 각각 점 P_1, Q_1을 찍고, 바퀴가 선로를 따라 회전할 때 두 점의 자취를 생각해 보자.

아래 그림에서 선로 위를 회전하는 기차 바퀴의 안쪽에 놓인 점 P_1이 그리는 곡선은 P_2를 지나 P_3로 이어지는 사이클로이드이다. 반면 바깥쪽에 놓인 한 점 Q_1은 Q_2를 지나 Q_3로 이어지며 사이클로이드보다 긴 곡선이 된다. 그래서 이 곡선을 '긴 사이클로이드'(굵은 곡선으로 된 부분이다.)라고 부른다. 이 그림을 보면 기차 바퀴의 일부분은 기차가 앞으로 진행할 때, 밑 부분에서 기차의 진행방향과는 반대인 뒤로 움직이고 있다는 것을 알 수 있다.

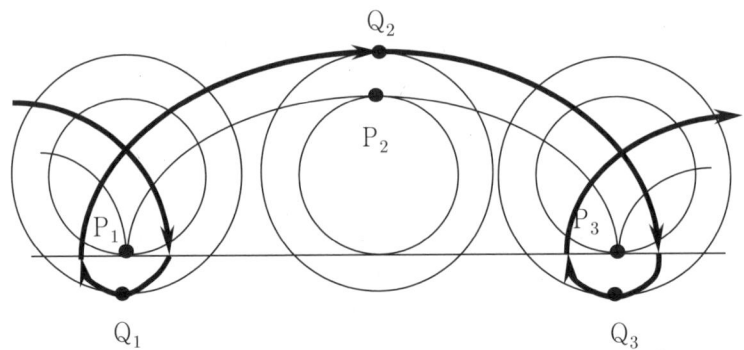

Chapter 10 미분

▶▶ 최단강하선

스위스의 유명한 베르누이 집안의 요한 베르누이는 1696년에 <학술기요(Acta Eruditorum)>에 다음과 같은 문제를 제출했다.

「수직으로 서 있는 평면에 두 위치 O, A가 주어졌다고 하자. 이때 어떤 경로를 따라 높은 위치 O에서 떨어지기 시작하여 낮은 위치 A에 도착하는 동점을 생각하자. 이 동점이 움직이는 데 걸리는 시간이 가장 짧으려면, 동점은 어떠한 곡선을 따라서 떨어져야 하는가?」

'최단강하선 문제'라고 하는 이 문제의 풀이를 여러 수학자들이 요한에게 전해주었다. 그 중에는 라이프니츠, 로피탈, 요한에게 수학을 가르쳐준 요한의 형 야콥 베르누이 등이 있었고, 익명의 제보자도 있었다. 물론 요한 자신도 답을 가지고 있었는데, 요한은 익명의 제보자의 답을 보고는 "사자의 발을 보면, 그 발이 사자의 것이라는 것을 알 수 있다"라고 말했다.

이 문제를 최초로 풀어낸 것은 베르누이 형제였으며, 이후 뉴턴과 라이프니츠, 로비탈이 풀이에 성공했다. 전해지는 바에 의하면 당시 많은 물리학자들이 몇 달 동안 이 문제를 풀기 위해 고민했으나 뉴턴은 단 하루 만에 풀어 버렸다고 한다. 사실 요한이 말한 사자는 바로 뉴턴이었다. 앞에서 언급한 수학자들은 옳은 답을 구했는데, 그 결과는 바로 사이클로이드였다. 원을 굴릴 때 원주상의 한 점이 이루는 궤적을 말하는 사이클로이드는 다음과 같은 매개변수방정식으로 표현할 수 있다.

$$x(\theta) = a(\theta - \sin\theta), \quad y(\theta) = a(1 - \cos\theta)$$

원리와 개념을 잡아주는 수학법칙

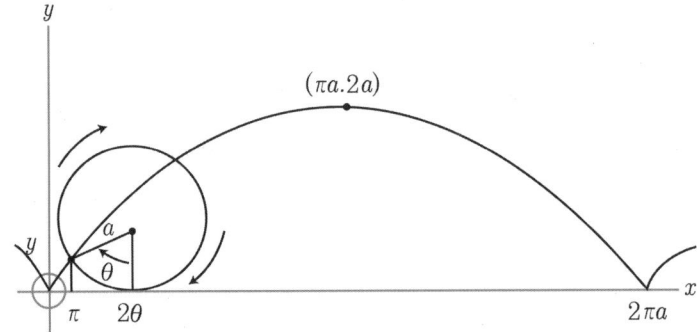

한편, 사이클로이드를 양함수와 음함수로 나타내면 각각 다음과 같다.

$$x = a\cos^{-1}\left(1 - \frac{y}{a}\right) - \sqrt{2ay - y^2},$$

$$\left|\frac{x}{a} + 2\pi\left[\frac{1}{2} - \frac{2}{2\pi}\frac{x}{a}\right] - 1\right| = \cos^{-1}\left(1 - \frac{y}{a}\right) - 2\sqrt{\frac{2y}{a} - \left(\frac{y}{a}\right)^2}$$

그런데 위의 두 식은 매우 복잡하고 다루기 어렵기 때문에 사이클로이드는 매개변수방정식으로 나타내는 것이 가장 간단하고 편리하다.

▶ 요한 베르누이의 풀이방법

그렇다면 수학자들은 최단강하선 문제가 사이클로이드라는 것을 어떻게 알았을까?

요한 베르누이의 풀이 방법으로 그 답을 알아보자.

페르마의 원리에 의하면 두 점 사이를 지나는 빛은 걸리는 시간이 최소가 되도록 움직인다고 한다. 이러한 원리는 서로 다른 매질 사이에서

빛이 굴절하는 현상을 잘 설명해 준다. 예를 들어 균질의 두 매질에서 빛의 속도는 각각 v_1, v_2, 두 매질이 만나는 경계면의 법선과 빛의 경로가 이루는 각은 각각 θ_1, θ_2라 하면 $\dfrac{\sin\theta_1}{v_1}=\dfrac{\sin\theta_2}{v_2}$ 이라는 '스넬의 법칙'도 페르마의 원리에서 유도된다. 요한은 바로 이 원리를 최단강하선 문제에 적용하였다.

즉, 빛이 농도가 강한 A에서 발사되어 농도가 약한 B에 도달하였다고 하자. 빛은 항상 걸리는 시간이 최소가 되도록 움직이므로 A에서 B로 움직일 때의 곡선이 최단강하선이 된다.

그런데 곡선의 각 점에서 $\dfrac{\sin\theta_1}{v_1}=\dfrac{\sin\theta_2}{v_2}$ 을 만족하므로 곡선은 $\dfrac{\sin\theta}{v}=c$ (c는 상수)를 만족한다.

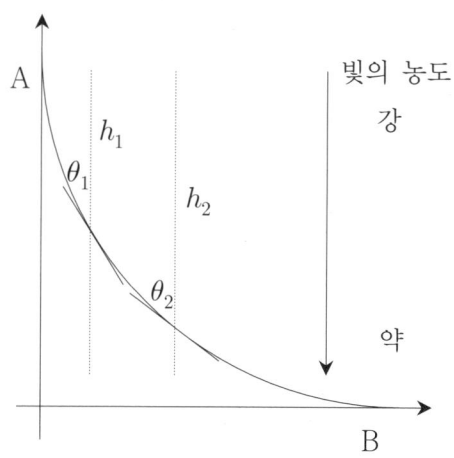

이때 에너지 보존법칙에 의해서 A와 B사이의 임의의 점 P에서의 위치에

너지와 운동에너지의 합 $\frac{1}{2}mv^2+(-mgh)$은 점 A에서의 에너지와 같다. 그런데 A에서의 에너지는 0이므로 A와 B 사이를 움직이는 점 P의 속력은 $v=\sqrt{2gh}$이다. 즉,

$$\frac{\sin\theta}{v}=\frac{\sin\theta}{\sqrt{2gh}}=c$$

$$\therefore \quad \frac{\sin\theta}{\sqrt{h}}=\sqrt{2g}\,c$$

여기서 g는 중력가속도로 상수이므로 $\sqrt{2g}\,c=C$ (C는 상수)라 할 수 있다. 즉,

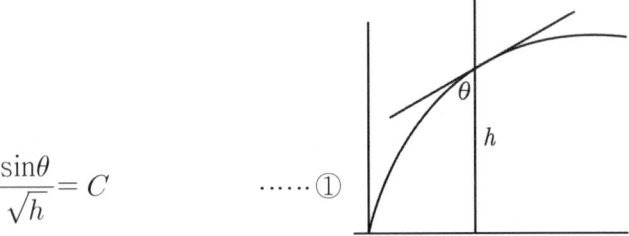

$$\frac{\sin\theta}{\sqrt{h}}=C \quad\quad \cdots\cdots ①$$

한편, 위의 그림에서 알 수 있듯이 사이클로이드의 한 점에서 접선의 기울기는 다음과 같다.

$$\tan(90-\theta)=\frac{dy}{dx}=\frac{dy}{d\theta}\frac{d\theta}{dx}=\frac{\sin\theta}{(1-\cos\theta)} \quad\quad \cdots\cdots ②$$

따라서 다음 식을 얻을 수 있다.

$$\tan^2(90-\theta)=\frac{1}{\tan^2\theta}=\frac{\cos^2\theta}{\sin^2\theta}$$

$$= \frac{1-\sin^2\theta}{\sin^2\theta} = \frac{1}{\sin^2\theta} - 1 \qquad \cdots\cdots ③$$

그런데 ②^2 = ③이고, $h = y(\theta) = a(1-\cos\theta)$이므로 다음 식을 얻는다.

$$\frac{1}{\sin^2\theta} - 1 = \frac{\sin^2\theta}{(1-\cos^2\theta)} \Leftrightarrow \frac{h}{\sin^2\theta} = a(1-\cos\theta)\frac{\sin^2\theta}{(1-\cos\theta)^2} + 1$$

$$= a\left(\frac{\sin^2\theta + (1-\cos\theta)^2}{1-\cos\theta}\right)$$

$$= a\left(\frac{2-2\cos\theta}{1-\cos\theta}\right)$$

$$= 2a$$

즉, $\dfrac{\sin\theta}{\sqrt{h}} = \dfrac{1}{\sqrt{2a}}$ 인데 a가 원의 반지름으로 상수이다. 따라서 $\dfrac{1}{\sqrt{2a}} = C$ (C는 상수)이라 하면 다음과 같은 식을 얻는다.

$$\frac{\sin\theta}{\sqrt{h}} = C$$

그런데 이 식은 앞에서 얻은 식 ①과 같으므로 요한 베르누이가 제출했던 최단강하선 문제는 바로 사이클로이드와 같은 것이다.

참고문헌

1. Robert Ellis and Denny Gulick, Calculus with Analytic Geometry, HBJ, 1982.

2. http://mathworld.wolfram.com/Cycloid.html(Geometry > Curves > Plane Curves).

Chapter 11

이것저것

원리와 개념을 잡아주는 수학법칙

원리와 개념을 잡아주는 수학법칙

01 벤다이어그램

▶ 수학의 위기

고대 그리스로부터 현재에 이르기까지 수학의 역사를 통하여 수학의 기초는 세 번의 커다란 위기를 겪었다.

첫 번째 위기는 기원전 5세기에 찾아진 무리수 때문이었다. 즉, 정사각형의 변과 대각선은 공통의 측정단위가 없다는 예기치 못한 발견은 모든 양은 정수의 비로 나타낼 수 있다는 피타고라스학파의 기본적인 믿음을 일거에 파괴했다. 이 위기는 쉽지도 빠르지도 않게 해결되었는데, 위기가 닥치고 무려 200년이나 지난 후인 기원전 370년경 에우독소스가 새로운 비교방법을 고안하며 수학은 첫 번째 위기에서 탈출했다.

수학의 기초에 관한 두 번째 위기는 17세기 후반에 뉴턴과 라이프니츠가 미적분학을 발견한 후 나타났다. 미적분이 두 사람에 의하여 처음 출현했을 때 대부분의 수학자들은 이 새로운 도구의 응용 가능성과 위력에 도취된 나머지 그것이 세워진 기초가 튼튼한가를 충분히 숙고하지 않았다. 그래서 시간이 흐름에 따라 모순과 역설이 점점 더 많이 나타났으며, 이것은 수학의 기초에 대한 심각한 위기였다. 즉, 해석학의 구조가 사상누각이라는 사실이 점점 확실해져가고 있었다. 그러다가 19세기 초에 코시가 모호한 무한소법을 정확한 극한법으로 바꿈으로써 위기에서 탈출하는 계기가 되었다. 뒤이은 바이어슈트라스와 그의 제자들에 의한 소위 해석학의 산술화로 수학의 기초에 관한 두 번째 위기는 극복되고 수학의 전체 구조가 회복되어 더할 나위 없이 튼튼한 기초 위에 놓이게 되었다.

수학의 기초에 관한 세 번째 위기는 1897년에 충격적일 만큼 갑자기 출현했다. 그리고 이 충격은 지금까지도 완벽하게 해결된 것 같지는 않다. 이 위기는 칸토어의 일반적인 집합론의 기초에 관한 역설 또는 모순이 발견되면서 발생하였다. 수학의 수많은 부분을 집합론이 지배하고 있었기 때문에 집합론에서 역설이 출현한다는 것은 자연스럽게 수학의 전반적인 기본 구조의 타당성에 대하여 의문을 제기하는 것이다.

집합론의 위기를 초래했던 여러 가지 모순과 역리 가운데 가장 유명한 것은 러셀이 제기한 것이다. 자기 자신의 원소가 되지 않는 모든 집합의 집합을 N이라고 하자. X를 임의의 집합이라 하면 N의 정의에 의하여 다음이 성립한다.

$$X \in N \Leftrightarrow X \notin X$$

이제 $X = N$이라면 다음과 같은 모순을 얻는다.

$$N \in N \Leftrightarrow N \notin N$$

이 역설은 독일의 논리학자인 프레게가 자신의 위대한 두 권짜리 논문의 마지막 권을 완성한 직후에 러셀로부터 받은 편지에 있는 내용이었다. 프레게는 논문의 끝에 다음과 같은 슬픈 문장을 남겼다.

"과학자가 논문을 완성하자마자 기초가 무너지는 것보다 더 슬픈 일은 없을 것이다. 나는 논문이 거의 인쇄될 때쯤 러셀 씨가 보낸 한 통의 편지에 의하여 그런 처지에 빠졌다."

결국 프레게의 12여 년의 수리 논리학에 관한 노력은 이 편지 한 통으로 수포로 돌아갔다.

▶▶ 벤다이어그램

집합론은 몇 가지 모순과 역리에도 불구하고 한 단계, 한 단계 발전해 왔다. 집합론은 또한 수리논리의 발전을 부추겼고, 수리논리의 발전은 다시 집합론의 발전을 도왔다. 그로 인하여 집합론의 구조는 더욱 단단해져가고 있다. 집합론의 발전은 집합 자체의 발전도 이끌었는데, 그 가운데 하나가 집합의 표현방법이다. 집합은 원소나열법, 조건제시법과 같은 표현방법도 있지만 벤다이어그램이라는 아주 간단하고 훌륭한 방법도 있다.

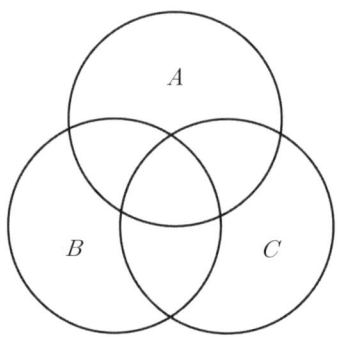

세 집합 A, B, C 를 나타낸 벤 다이어그램

벤다이어그램은 19세기 영국의 논리학자 벤(Venn, J, 1834-1923)이 창안한 그림이다. 벤다이어그램은 1880년에 발표한 그의 논문 <명제와 논리의 도식적, 역학적 표현에 관하여>에서 처음으로 소개되어 집합 사이의 관계를 도식화하는 도구로 사용되기 시작했다.

이제 벤다이어그램으로 집합을 표현하는 것에 대하여 알아보자. 집합이 두 개일 때는 간단한 그림으로 나타낼 수 있다. 집합이 3개인 경우는 집합이 2개인 경우를 벤다이어그램으로 그린 그림 위에 하나의 집합을 그림으로 나타내어 얻는 방식으로 어렵지 않게 벤다이어그램을 그릴 수 있다. 그렇다면 집합이 4개일 때 벤 다이어그램은 어떻게 그릴 수 있을까? 그릴 수 있다면 그 모양은 어떤 것일까? 집합이 5개라면?

사실 모두 가능하다. 먼저 아래 두 그림은 1880년에 벤이 4개의 집합을 벤다이어그램으로 나타낸 두 가지 방법이다. 이 두 가지는 집합이 3개일 때의 벤다이어그램에 하나의 집합을 더 추가하는 방식으로 그려진 것이다.

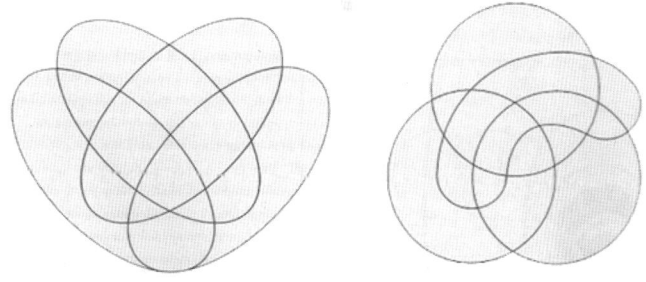

마찬가지 방법으로 4개의 집합을 벤다이어그램으로 나타낸 것에 하나의 집합을 더한 5개의 집합을 벤다이어그램으로 나타내면 아래와 같다. 특히 왼쪽 그림에서 가운데 큰 원과 작은 원이 있는데, 다섯 번째 집합은 가운데 구멍이 뚫린 도넛과 같이 생각하면 된다.

원리와 개념을 잡아주는 수학법칙

그렇다면 과연 몇 개의 집합까지 벤다이어그램으로 나타낼 수 있을까? 이 문제를 해결하기 위하여 다음 그림을 살펴보자.

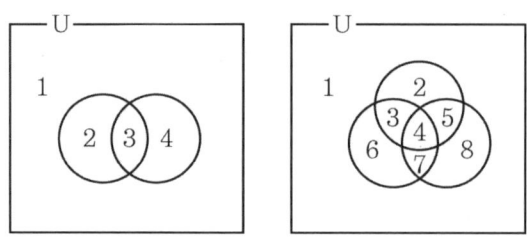

2개의 집합은 4개의 영역으로, 3개의 집합은 8개의 영역으로 나뉜다.

왼쪽의 그림은 2개의 집합을 벤다이어그램으로 나타낸 것이고, 오른쪽의 그림은 3개의 집합을 벤다이어그램으로 나타낸 것이다. 그림에서 알 수 있듯이 전체집합 안에서 2개의 집합을 벤다이어그램으로 나타내면 $4(=2^2)$개의 영역으로 나뉘고, 3개의 집합을 벤다이어그램으로 나타내면 $8(=2^3)$개의 영역으로 나뉜다. 따라서 위의 벤다이어그램을 다음과 같이 바꾸어 그릴 수 있다.

Chapter 11 이것저것

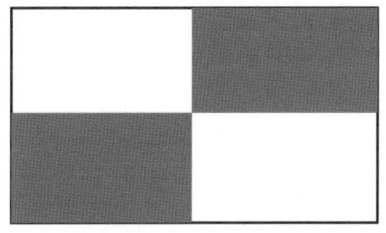 

왼쪽은 집합이 2개인 경우이고, 오른쪽은 집합이 3개인 경우의
벤다이어그램이다. 벤다이어그램은 항상 원 모양으로만 그리는 것은 아니다.

이와 같은 방법으로 전체집합 안에서 4개의 집합을 벤 다이어그램으로 나타내면 $16(=2^4)$개의 영역으로 나뉜다. 생각을 자연스럽게 확장하면 전체집합 안에서 n개의 집합을 벤 다이어그램으로 나타내면 2^n개의 영역으로 나뉘게 될 것이다. 따라서 몇 개의 집합이라고 하더라도 그것들의 벤 다이어그램을 그릴 수 있게 된다.

다음 그림은 각각 4, 5, 6, 7개의 집합을 벤 다이어그램으로 나타냈을 때 생기는 영역을 그린 것이다.[7]

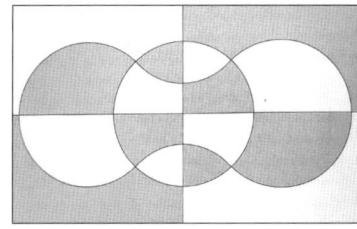 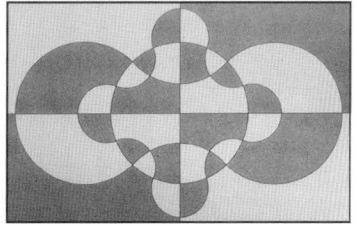

---

7) 여기 제시된 그림은 'A.W.F. Edwards, Cogwheels of the mind, The Story of Venn Diagrams, The Johns Hopkins University Press, 2004'를 참고하여 그린 것이고, 보다 많은 내용과 그림을 원하는 독자는 위의 책을 참고하기 바란다.

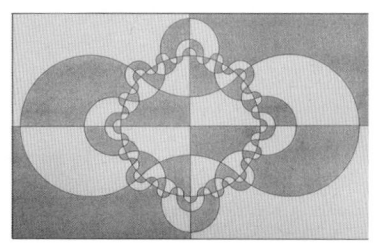

▶▶ 집합의 기호

집합에 사용되고 있는 기호에는 여러 가지가 있다. 그 가운데 합집합과 교집합을 나타내는 기호 ∪과 ∩은 언제 누가 만든 것일까?

이 기호가 언제부터 사용되었는지는 분명하지 않지만 이탈리아의 수학자 페아노(Peano, G., 1858-1932)가 이 두 기호를 처음 사용했다고 전해지고 있다. 기호 ∪과 ∩은 페아노가 사용하였던 ⌣와 ⌢를 각각 변형한 것으로, 페아노는 독일의 수학자 슈뢰더(Schröder, F., 1841-1902)가 논리합과 논리곱을 나타내기 위해 사용한 기호 +, ×가 덧셈기호, 곱셈기호와 구별하기 어렵기 때문에 ⌣와 ⌢를 새로 도입했다고 한다.

02 아프리카의 모래 그림과 수학

인류의 문명이 다양하게 발전하는 과정에서 수학도 다양성이 더해졌다. 그래서 고대수학은 대수와 기하로 나뉘지만 현대수학은 대수, 해석, 기하, 확률 등 다양하게 나누어진다. 그리고 크게 나뉜 분야를 다시 작은 분야로 나누고, 나누어진 작은 분야가 또 다시 더 작은 분야로 나누어진다. 그러기를 반복하여 현대수학은 분류할 수 없을 만큼 많은 분야로 나누어졌고 서로 얽혀있으며, 해마다 새로 발견되는 수학의 이론만도 약 30만 개에 이른다.

다양한 분야 중에서 이산수학은 이산적인 대상과 이산적인 방법을 사용하는 수학으로 조합론이 대종을 이룬다. 옛날에는 이산수학이 게임 등에 숨어 있는 수학으로서 흥미나 즐거움을 위한 정도에 그쳤지만 20세기 후반 이후로 순수 및 응용수학에서 대단히 중요한 위치를 차지하고 있다. 이산수학의 가장 중요한 부분은 앞에서 말했듯이 조합론이며, 조합론의 주된 관심사는 특정한 패턴의 배열이 존재하는가 하는 배열의 존재성, 존재한다면 몇 개나 존재하는가 하는 배열의 개수, 어떤 배열이 최적의 배열인가 하는 최적 배열 찾기, 배열의 구조는 어떤가 하는 배열의 구조분석으로 나눌 수 있다. 결국 학생들은 중고등학교 교과서에서 조합론을 순열과 조합을 활용하여 경우의 수를 구하는 것으로 접하고 있다. 여기서는 아프리카의 특별한 놀이를 통하여 조합론을 이해하는 계기를 가져보자.

▶▶ 소나

남아프리카 앙골라(Angola)의 초코웨이(Chokwe) 지역은 가내수공업으로 만든 아름다운 그물무늬 매트와 꽃병, 나무조각품과 같은 장식품으로 유명하다. 이런 장식품들은 대부분 모래를 이용하여 다양한 패턴과 그림을 그리는 소나(sona)라는 전통놀이가 만들어내는 모양을 본뜬 것이다. 특히 초코웨이 지역에서 소나는 동물과 관련된 속담이나 옛날이야기가 곁들여져 스토리텔링의 소재로 사용되었던 놀이이자 게임이기도 했다. 그들에게 소나는 조상이나 영웅의 이야기를 다음 세대에 전

달하는 살아있는 역사책이기도 했다. 애석하게도 소나의 이런 전통이 사라졌고, 오늘날에는 소나가 모래가 아닌 종이 위에 점을 찍고 그림을 완성하는 놀이정도로만 전해지고 있다.

소나는 모래바닥 위에 같은 간격으로 몇 개의 점을 직사각형 모양으로 찍고, 적당한 위치에 손가락을 대고 전하고자 하는 이야기와 함께 점들 사이에 선을 그으며 시작한다. 전체적인 그림은 이야기의 종류에 따라 다르지만 선을 그려 그림을 완성하는 일정한 규칙이 있다. 우선 이야기에 맞게 그림을 그려야 하고, 그림을 그릴 때 가능한 한 최소의 선을 사용해야 한다. 그래서 경우에 따라서는 단 하나의 선으로 매우 복잡하고 재미있는 그림이 완성되기도 한다. 선을 그리면서 이야기하므로 이야기를 하는 사람이나 듣는 사람은 몇 개의 선을 사용하여 그림이 완성되는지 쉽게 알 수 있다.

직사각형 모양으로 점을 찍은 후 선을 그릴 때 점을 지나지 않아야 하는 소나를 완성하는 규칙은 좀 더 정확하게 다음과 같이 다섯 가지로 정리할 수 있다.

1. 시작은 찍혀있는 두 점 사이의 어느 곳에서도 가능하다.
2. 시작하기 위하여 처음 선택한 곳에서 점들 사이로 45°를 유지하며 직선을 그린다.
3. 직선을 그리며 점들 배열의 끝에 도착하면 90° 회전하여 다시 직선을 그린다.
4. 이미 그려진 직선은 가로지를 수 있지만 한 번 지나간 직선을 두 번 그리지 않는다.
5. 선을 그려가다가 처음 그린 곳에서 만나게 되면 첫 번째 선 긋기를

끝내는데, 이때 이 선은 닫힌 선이 된다. 또 다른 선을 그리려면 위와 같은 과정을 반복하며 닫힌 선을 완성한다.

위의 규칙에 따라 소나를 완성해 보자.

먼저 다음 왼쪽 그림과 같이 12개의 점을 직사각형 모양으로 배열한다. 시작은 오른쪽 그림과 같이 왼쪽 아래에서 시작하여 점들 사이로 45°를 유지하며 직선을 그려가다가 점의 배열이 끝나는 곳에서 90° 회전한다. 점과 점 사이가 아닌 곳에서는 90°로 회전해야 하지만 그림과 같이 둥글게 회전해도 된다.

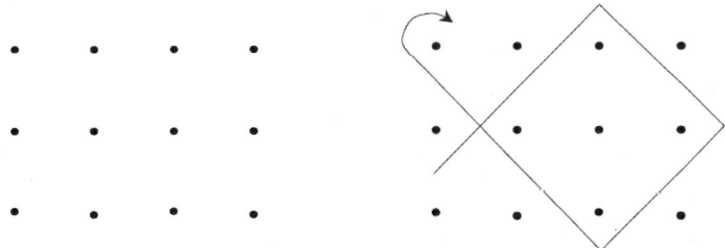

위의 소나를 완성하면 아래 왼쪽 그림과 같고, 완성된 소나에 꼬리와 다리 그리고 머리를 그려 넣으면 오른쪽 그림과 같은 양이 된다. 즉, 이 경우는 양을 소재로 이야기를 전개하며 소나를 완성하면 되고, 완성된 소나의 양은 시작과 끝이 한 곳에서 만나므로 닫힌 선 1개로 이루어져 있다.

원리와 개념을 잡아주는 수학법칙

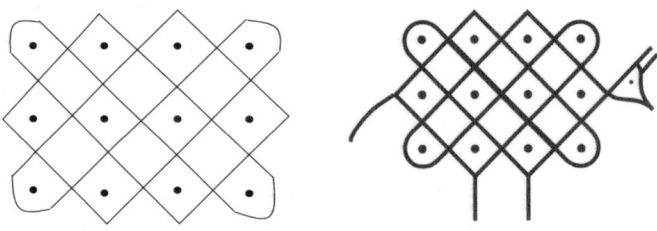

그런데 모든 소나가 1개의 닫힌 선으로 완성되는 것은 아니다. 다음 그림은 3개의 닫힌 선으로 완성된 소나로 거북이이다.

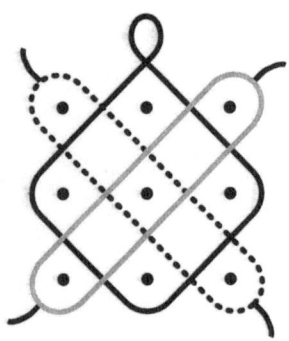

▶ 소나와 수학

소나에 대한 대강의 방법과 규칙을 알았으므로 이제 수학적인 이야기를 해보자. 여기서는 점을 직사각형 모양으로 적당히 배열했을 때 닫힌 선의 최소의 개수를 구하는 규칙을 알아보자. 소나를 놀이로 즐기는 앙골라, 가나, 통고 등에 살고 있는 아프리카 사람들은 점의 배열을 보면 몇 개의 닫힌 선이 필요한지 바로 안다고 한다. 이를 테면 점이 4×6으

Chapter 11 이것저것

로 배열되어 있으면 2개의 닫힌 선이 필요하고, 5×7로 배열되어 있으면 1개의 닫힌 선이면 충분하다는 것을 바로 알고 있다고 한다.

초코웨이 지역사람들은 어떻게 바닥에 찍혀 있는 점의 배열만을 보고 닫힌 선의 개수를 알 수 있을까? 완성된 소나를 보면서 힌트를 얻기 위하여 먼저 다음 그림과 같이 점들을 두 행으로 배열할 경우를 생각해 보자. 즉, 2×2, 2×3, 2×4, 2×5, 2×6 등과 같이 점이 배열되어 있을 때 최소의 닫힌 선의 개수는 각 행에 짝수개의 점이 배열된 경우에 2개, 홀수개의 점이 배열된 경우에 1개면 충분하다. 2×7과 2×8은 여러분이 직접 시도해 보기 바란다.

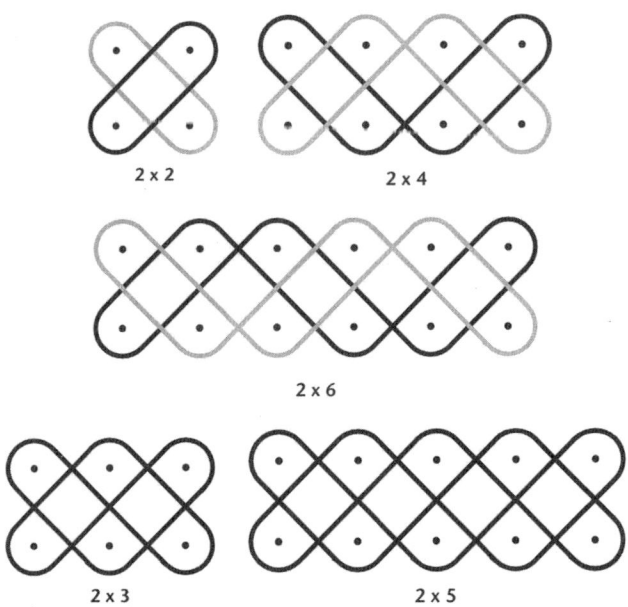

원리와 개념을 잡아주는 수학법칙

이번에는 세 개의 행으로 배열되었을 경우를 생각해 보자. 다음 그림에서 알 수 있듯이 3×3과 3×6은 3개의 닫힌 선이 필요하고 3×4와 3×5는 1개의 닫힌 선이면 충분하다.

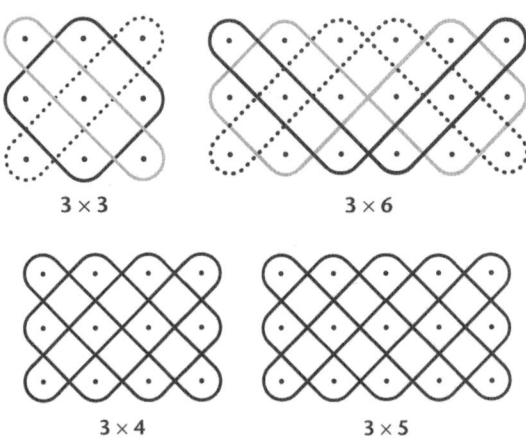

이번에는 다음 그림과 같이 네 개의 행으로 배열된 경우를 생각해 보자. 그런데 4×2는 2×4와 같고, 4×3은 3×4와 같으므로 각각 2개와 1개의 닫힌 선이면 충분하다는 것을 알 수 있다. 그래서 4×4, 4×5, 4×6의 경우만 살펴보면 되는데, 아래 그림에서 보듯이 4×4는 4개, 4×5는 1개, 4×6은 2개의 닫힌 선이면 충분하다.

Chapter 11 이것저것

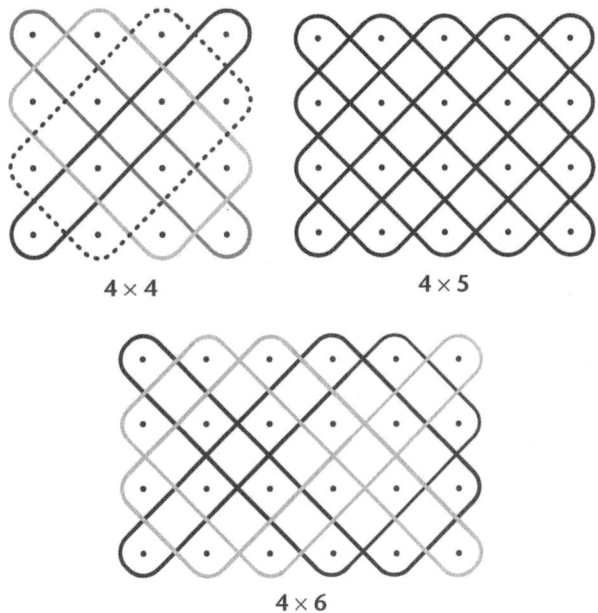

과연 이들 사이에는 어떤 공통점이 있을까?

이 문제를 해결하기 위해 먼저 우리가 알고 있는 것이 무엇인가를 확인해야 하므로 다음과 같이 행의 수와 열의 수에 따른 닫힌 선의 수를 표로 정리할 수 있다.

원리와 개념을 잡아주는 수학법칙

행의 수	열의 수	닫힌 선의 수
2	2	2
2	3	1
2	4	2
2	5	1
2	6	2
3	3	3
3	4	1
3	5	1
3	6	3
4	4	4
4	5	1
4	6	2

이 표로부터 각 배열에서 행과 열의 수가 같은 $n \times n$인 경우에는 닫힌 선의 개수가 n개임을 알 수 있다. 또 행의 수가 2인 경우에 닫힌 선의 수는 열의 수가 홀수이면 1개이고 짝수이면 2개임을 알 수 있다. 즉, 2와 서로소이면 닫힌 선은 1개이고 2와 서로소가 아니면 닫힌 선은 2개임을 알 수 있다. 행의 수가 3인 경우에 닫힌 선의 수는 1개 또는 3개인데, 열의 수가 3과 서로소인 경우에 닫힌 선은 1개이고 3과 서로소가 아닌 경우에 닫힌 선은 3개임을 알 수 있다. 또 행의 수가 4인 경우에 닫힌 선의 수는 4, 1, 2인데, 앞에서와 마찬가지로 열의 수가 4와 서로소인 경우에 닫힌 선은 1개이고 4와 서로소가 아닌 경우에는 4개 또는 2개임을 알 수 있다. 과연 이들의 공통점은 무엇일까?

여기에는 흥미로운 수학적 규칙이 있다. 행의 수와 열의 수가 서로소이면 닫힌 선은 1개이고, 2×2, 3×3, 4×4는 각각 2개, 3개, 4개이다. 또 3×6은 3개, 4×6은 2개였다. 이로부터 우리는 행의 수 m과 열의 수 n이 정해지면 닫힌 선의 수는 m과 n의 최소공배수가 됨을 알 수 있다. 이를테면 그려보지 않아도 닫힌 선이 4×8이면 4와 8의 최소공배수인 4개가 필요하고, 4×10이면 4와 10의 최소공배수인 2개가 필요함을 알 수 있다.

이와 같이 주어진 배열을 만드는 것은 일종의 게임과도 같지만 그 속에 숨어있는 규칙을 찾는 것은 수학적인 아이디어가 있어야한다. 그리고 소나와 같은 게임 속에서 이런 수학을 찾아내고 배양시키는 분야가 바로 조합론이고, 단순한 게임에 수학적 사실이 찾아내는 것이야말로 진정 수학을 재미있게 공부하는 방법일 것이다.

03 앗 나의 실수

수학에 소질이 있고 뛰어난 계산능력을 가지고 있다고 하더라도 말도 안 되는 실수를 할 때가 종종 있다. 수학에서 사소한 실수는 엉뚱한 결과를 유도하기 때문에 매우 주의해야 한다. 그래서 이번에는 우리가 흔히 범할 수 있는 실수에 대하여 알아보자. 그런데 여기에 소개된 각각에 관하여 잘못된 부분을 모두 알려주면 찾는 재미를 빼앗는 것이므로 틀린 이유를 제시하지 않겠다. 그러니 어느 부분이 잘못되었는지 각자 찾아보기 바란다. 또 수업시간에 학생들에게 소개하면 해당 내용에 관하여 학생들은 흥미로워할 뿐만 아니라 수업내용을 좀 더 정확하게 이해할 수 있을 것이다.

자! 이제 실수 속으로 들어가 보자.

원리와 개념을 잡아주는 수학법칙

▶ 임의의 모든 수는 같다

임의의 모든 수는 같음을 보이자. 이것을 보이는 방법은 여러 가지가 있는데 여기서는 네 가지를 살펴보자. 먼저 임의의 실수 a에 대하여 $b = a$라 하고 다음과 같이 식을 정리하자.

$$b = a$$
$$ab = a^2 \quad \text{(양변에 } a\text{를 곱한다.)}$$
$$ab - b^2 = a^2 - b^2 \quad \text{(양변에서 } b^2\text{을 뺀다.)}$$
$$(a-b)b = (a-b)(a+b) \quad \text{(양변을 } (a-b)\text{로 나눈다.)}$$
$$b = a + b$$
$$a = 2a$$

따라서 $a = 1$이라면 $1 = 2$이므로 모든 수는 같다.

두 번째 방법으로, $a = 1$이라고 하고 다음과 같이 식을 정리하자.

$$a^2 = a$$
$$a^2 - 1 = a - 1$$
$$(a-1)(a+1) = (a-1) \quad \text{(양변을 } (a-1)\text{로 나눈다.)}$$
$$a + 1 = 1$$
$$a = 0$$

그런데 $a = 1$이므로 $0 = 1$이 성립한다.

세 번째 방법으로,
$$a^2 - a(2a+1) = (a+1)^2 - (a+1)(2a+1)$$
의 양변은 모두 $-a^2-a$이므로 이 등식의 양변에 $\left(\dfrac{1}{2}(2a+1)\right)^2$ 을 더하여 다음과 같이 정리하자.

$$a^2 - a(2a+1) = (a+1)^2 - (a+1)(2a+1)$$

$$a^2 - a(2a+1) + \left(\dfrac{1}{2}(2a+1)\right)^2$$

$$= (a+1)^2 - (a+1)(2a+1) + \left(\dfrac{1}{2}(2a+1)\right)^2$$

$$\left(a - \dfrac{1}{2}(2a+1)\right)^2 = \left((a+1) - \dfrac{1}{2}(2a+1)\right)^2$$

$$\left(a - \dfrac{1}{2}(2a+1)\right) = (a+1) - \dfrac{1}{2}(2a+1)$$

$$a = a+1$$

$$0 = 1$$

마지막 방법은 함수의 극한을 이용한 것이다. $a > 0$인 실수에 대하여 함수 $E(a)$를 다음과 같이 정의하자.

$$E(a) = a^{a^{a^{\cdots}}}$$

이때 $E(a) = 2$를 만족하는 a를 구해보자.

원리와 개념을 잡아주는 수학법칙

$$2 = E(a)$$
$$= a^{a^{a^{\cdots}}} \quad (E(a) = a^{a^{\cdots}} \text{이므로})$$
$$= a^{E(a)}$$
$$= a^2$$

따라서 $a^2 = 2$이고 $a > 0$이므로 $a = \sqrt{2}$이다. 즉, $E(\sqrt{2}) = 2$이다.
이번에는 $E(a) = 4$를 만족하는 a를 구해보자.

$$4 = E(a)$$
$$= a^{a^{a^{\cdots}}} \quad (E(a) = a^{a^{\cdots}} \text{이므로})$$
$$= a^{E(a)}$$
$$= a^4$$

따라서 $a^4 = 4$이고 $a > 0$이므로 $a = \sqrt{2}$이다. 즉, $E(\sqrt{2}) = 4$이다. 그러면 $E(a)$는 지수함수이고 일대일이므로 $E(\sqrt{2}) = 2 = 4$이다. 즉, $1 = 2$이다.

위의 4가지 방법으로부터 이를테면 $1 = 2$이므로 양변에서 1을 빼면 $0 = 1$이고, 양변에 $11 - 7$을 곱하면 $0 \cdot (11 - 7) = 1 \cdot (11 - 7)$이다. 즉, $0 = 11 - 7$이므로 $7 = 11$이다. 그러므로 우리가 사용하고 있는 수는 모두 같다. 어디에서 실수한 것일까?

▶ tan$\omega = i$

허수 $i = \sqrt{-1}$ 와 임의의 복소수 ω에 대하여 $\tan\omega = i$임을 보이자. 복소수 z는 $\tan z = i$를 만족한다고 하자. 복소수 z와 임의의 복소수 ω에 대하여 $\omega = z + \mu$를 만족하는 복소수 μ가 항상 있으므로 다음과 같이 정리하자.

$$\omega = z + \mu$$

$$\tan\omega = \tan(z + \mu)$$

$$= \frac{\tan z + \tan\mu}{1 - \tan z \cdot \tan\mu}$$

$$= \frac{i + \tan\mu}{1 - i \cdot \tan\mu}$$

$$= \frac{i + \tan\mu}{-i(i + \tan\mu)} \quad (\text{본모와 분자를 } (i + \tan\mu)\text{로 약분하면})$$

$$= \frac{1}{-i}$$

$$= \frac{i}{-i^2}$$

$$= i$$

따라서 임의의 복소수 ω에 대하여 $\tan\omega = i$이다. 이것은 어디에서 실수한 것일까?

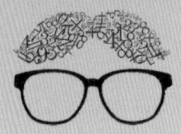

원리와 개념을 잡아주는 수학법칙

▶ 귀납법 오류

귀납법은 수학에서 자연수와 관련된 여러 가지 내용을 증명할 때 사용된다. 귀납법을 이용하여 자연수 n에 대하여 $2^{n-1}=1$임을 보이자.

먼저 $n=1$이면 $2^{1-1}=2^0=1$이므로 등식이 성립한다. 이제 $k<n+1$에 대하여 $2^{k-1}=1$이 성립한다고 가정하고 $k=n+1$인 경우에도 등식이 성립함을 보이자.

$$2^{(n+1)-1}=2^n$$
$$=2^{2(n-1)-(n-2)}=(2^{n-1})^2 \cdot 2^{-(n-2)}$$
$$=\frac{(2^{n-1})^2}{2^{(n-2)}}$$
$$=\frac{1^2}{1}=1$$

즉, $2^n=1$이므로 귀납법에 의하여 자연수 n에 대하여 $2^{n-1}=1$이다. 어디가 잘못되었을까?

▶ 방정식에서의 실수

방정식을 풀 때도 실수하는 경우가 많이 있다. 예를 들어 $-x^2+x+6=4$를 풀어보자.

$$-x^2+x+6=4$$
$$(3-x)(x+2)=4$$

따라서 $x+2=4$ 또는 $3-x=4$이므로 $x=2$ 또는 $x=-1$이다. 이것은 주어진 방정식의 해이다.

이번에는 $-x^2 - 3x + 10 = 6$을 풀어보자.

$$-x^2 - 3x + 10 = 6$$

$$(x+5)(2-x) = 6$$

따라서 $5 + x = 6$ 또는 $2 - x = 6$이므로 $x = 1$ 또는 $x = -4$이다. 이것은 주어진 방정식의 해이다. 그런데 처음 주어진 방정식 $-x^2 - 3x + 10 = 6$의 양변에 -1을 곱하고 앞에서와 같이 풀어보자.

$$x^2 + 3x - 10 = -6$$

$$(x+5)(x-2) = -6$$

따라서 $x + 5 = -6$ 또는 $x - 2 = -6$이므로 $x = -11$ 또는 $x = -4$이다. 그런데 이 경우 $x = -11$는 틀린 답이다. 양변에 -1을 곱해도 방정식의 답은 변함이 없어야 하는데 어째서 이런 결과가 나온 것일까?

▶ 이치방정식의 근이 공식

이차방정식 $ax^2 + bx + c = 0$의 근은

$$x = \frac{-b \pm \sqrt{b^2 - 4ac}}{2a}$$

이다. 하지만 다음과 같이 구하면 어떨까?

$$ax^2 + bx + c = 0$$

$$a\left(x^2 + \frac{b}{a}x\right) = -c$$

$$a\left[x^2 + \frac{b}{a}x + \left(\frac{b}{2a}\right)^2\right] = a\left(\frac{b}{2a}\right)^2 - c$$

$$a\left(x + \frac{b}{2a}\right)^2 = \frac{b^2 - 4ac}{4a}$$

$$\left(x + \frac{b}{2a}\right)^2 = \frac{b^2 - 4ac}{4a^2}$$

$$x + \frac{b}{2a} = \pm\sqrt{\frac{b^2 - 4ac}{4a^2}} = \pm\frac{\sqrt{b^2 - 4ac}}{2a}$$

$$x + b = \pm\sqrt{b^2 - 4ac}$$

$$x = -b \pm \sqrt{b^2 - 4ac}$$

▶ 삼각형의 내각의 합

삼각형의 내각의 합은 $180°$ 임을 보일 때 보통은 다음과 같이 평행사변형의 성질을 이용한다. 여기서는 간단히 증명하기 위하여 각에 번호를 붙였다.

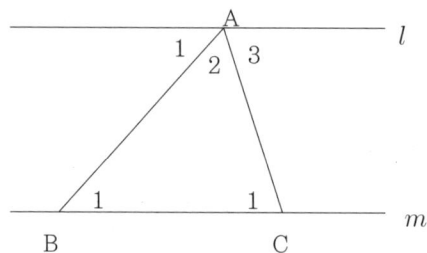

두 직선 l, m이 평행하다면

$$\angle A_1 = \angle B_1, \ \angle C_1 = \angle A_3$$

이다. 따라서 다음이 성립한다.

$$\angle B_1 + \angle A_2 + \angle C_1 = \angle A_1 + \angle A_2 + \angle A_3 = 180°$$

이제 삼각형의 내각의 합을 x라 하고 $x = 180°$ 임을 평행선의 성질을 이용하지 않고 증명해 보자. 이때도 증명의 편의를 위하여 각에 번호를 붙이자.

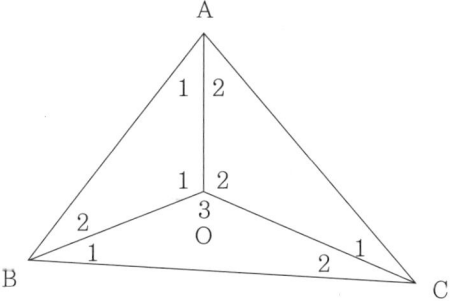

삼각형 ABC의 내부에 한 점 O를 잡고 삼각형의 꼭짓점에서 점 O에 그림과 같이 선분을 그으면 주어진 삼각형은 △ABO, △ACO, △CBO로 분할되고, 분할된 3개의 삼각형의 내각의 합은 다음과 같이 놓을 수 있다.

$$\angle A_1 + \angle B_2 + \angle O_1 = x$$
$$\angle A_2 + \angle C_1 + \angle O_2 = x$$
$$\angle B_1 + \angle C_2 + \angle O_3 = x$$

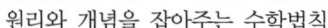

모두 더하면

$$\angle A_1 + \angle A_2 + \angle B_1 + \angle B_2 + \angle C_1$$
$$+ \angle C_2 + \angle O_1 + \angle O_2 + \angle O_3 = 3x \quad \cdots\cdots ①$$

$$\angle O_1 + \angle O_2 + \angle O_3 = 360° \quad \cdots\cdots ②$$

이고,

$$\angle A_1 + \angle A_2 + \angle B_1 + \angle B_2$$
$$+ \angle C_1 + \angle C_2 = \angle A + \angle B + \angle C = x \quad \cdots\cdots ③$$

이다. ②와 ③을 ①에 대입하면 $x + 360° = 3x$ 이므로 $x = 180°$ 이다. 따라서 삼각형의 내각의 합은 $180°$ 이다.

그런데 이 증명은 옳지 않다. 어디가 잘못된 것일까?

지금까지 우리는 잘못된 방법으로 문제를 해결하여 엉뚱한 결론을 얻은 경우를 살펴보았다. 이제 잘못 풀었지만 답이 맞는 재미있는 경우를 알아보자. 이번에도 어디가 잘못되었는지 찾아보자.

예제 1 $(5-3x)(7-2x) = (11-6x)(3-x)$

를 풀어라.

풀이 $5 - 3x + 7 - 2x = 11 - 6x + 3 - x$ 이므로

$12 - 5x = 14 - 7x$ 이다. 따라서 $x = 1$ 이다.

Chapter 11 이것저것

예제 2 $\log(4x-1) + \log(3x+2) = 2\log 11$

을 풀어라

풀이 $4x - 1 + 3x + 2 = 2 \cdot 11$이므로

$7x + 1 = 22$이다. 따라서 $x = 3$이다.

예제 3 $\dfrac{17^3 + 7^3}{17^3 + 10^3}$을 간단히 하여라.

풀이 공통인수 3을 소약하면

$$\dfrac{17^3 + 7^3}{17^3 + 10^3} = \dfrac{17+7}{17+10} = \dfrac{8}{9}$$

예제 4 $\int \dfrac{dx}{x+a}$를 구하여라.

풀이
$$\int \dfrac{dx}{x+a} = \int \dfrac{dx}{x} + \int \dfrac{dx}{a}$$
$$= \ln x + \ln a + C$$
$$= \ln(x+a) + C$$

예제 5 함수 $f(x) = 3x - 2$가 일대일임을 보여라.

풀이 $f(1) = 3 \cdot 1 - 2 = 1$. 즉 $f(1) = 1$이므로 일대일이다.

원리와 개념을 잡아주는 수학법칙

예제 6 직사각형 ABCD와 내부의 점 P에 대하여
$(PA)^2 + (PC)^2 = (PB)^2 + (PD)^2$ 임을 보여라.

풀이

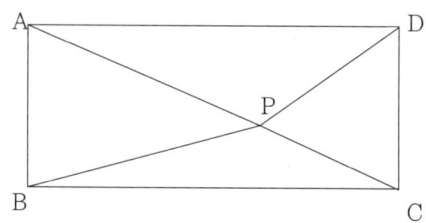

직사각형 ABCD에 대하여 $AC = BD$, $CD = AB$이므로
$\frac{AC}{CD} = \frac{BD}{AB}$ 이다. 따라서 $\frac{A}{D} = \frac{D}{A}$ 이므로 $A^2 = D^2$이
다. 마찬가지 방법으로 $C^2 = B^2$ 이므로
$$A^2 + C^2 = B^2 + D^2$$
이다. 이 식의 양변에 P^2을 곱하면 다음을 얻는다.
$$P^2A^2 + P^2C^2 = P^2B^2 + P^2D^2$$
따라서 다음이 성립한다.
$$(PA)^2 + (PC)^2 = (PB)^2 + (PD)^2$$

참고문헌

1. Howard Eves, 이우영, 신항균 역, 수학사, 경문사, 2002.

2. Howard Eves, 허민, 오혜영 역, 수학의 위대한 순간들, 경문사, 1994.

4. Carl B. Boyer and Uta C. Merzbach, 양영오, 조윤동 역, 수학의 역사 상, 하, 경문사, 2004.

5. A. W. F. Edwards, Cogwheels of the Mind, The Story of Venn Diagrams, THe Johns Hopkins University Press, 2004.